自洽力

**摆脱内耗，
活出人生的松弛感**

雨令 ——— 著

电子工业出版社
Publishing House of Electronics Industry
北京·BEIJING

图书在版编目（CIP）数据

自洽力：摆脱内耗，活出人生的松弛感 / 雨令著. —北京：电子工业出版社，2023.10

ISBN 978-7-121-46414-0

Ⅰ. ①自… Ⅱ. ①雨… Ⅲ. ①成功心理－通俗读物 Ⅳ. ①B848.4-49

中国国家版本馆 CIP 数据核字（2023）第 184380 号

责任编辑：石　悦
印　　刷：涿州市般润文化传播有限公司
装　　订：涿州市般润文化传播有限公司
出版发行：电子工业出版社
　　　　　北京市海淀区万寿路 173 信箱　　　　　邮编：100036
开　　本：880×1230　1/32　印张：9.125　　字数：212 千字
版　　次：2023 年 10 月第 1 版
印　　次：2024 年 9 月第 4 次印刷
定　　价：69.00 元

凡所购买电子工业出版社图书有缺损问题，请向购买书店调换。若书店售缺，请与本社发行部联系，联系及邮购电话：（010）88254888，88258888。

质量投诉请发邮件至 zlts@phei.com.cn，盗版侵权举报请发邮件至 dbqq@phei.com.cn。

本书咨询联系方式：faq@phei.com.cn。

前　言

人生是一次关于自己的旅程，你希望它呈现出什么样子呢？

也许大多数人心中的完美人生是这样的：18 岁成人，22 岁大学毕业，25 岁工作安稳，30 岁之前结婚、买房、生子，然后人生渐渐稳定，直到退休养老。似乎在很多人的眼里，人生可以被简单、粗暴地划分为无数个刻度，他们只要按照时间节点做，就能够过好这一生。

这样的信念裹挟着我们，让我们不敢晚走一步，也不敢走错一步，生怕一步错步步错，错失所谓的"完美"人生。不是每个人都可以"复刻"这样的"完美"人生，这样的"完美"人生并不适合所有人，毕竟每个人都有自己独特的三观、性格和经历，所以生活呈现给我们的也必然不是单一的标准，而是多样的精彩。

有的人 22 岁就大学毕业了，但等了 5 年才找到好工作。有的人 25 岁就当上了 CEO，却在 50 岁去世。有的人一直单身，同时也有的人结了婚又离婚。这个世界运转得飞快，我们习惯了融入人流之中，习惯了与他人竞争，所以我们可能焦虑，迷茫，内耗严重，陷入了自设的牢笼里无法自拔。

25 岁后才获得文凭，依然值得骄傲；35 岁还没结婚，但过得快乐也是一种成功；40 岁没房没车也没有什么丢脸的。每个人都应该有一份只属于自己的时刻表，别让其他人打乱了人生节奏。

现在还没找到工作，没关系，继续沉下心来提升自己，把每一次面试的机会都当成提升自己的契机。现在对未来感到迷茫恐慌，没关系，你要做的不是担忧未来，而是活在当下，把当下该做好的每件事情都做好。

并不是每一件计划出来的事，都有意义；也不是每一件有意义的事，都能够被计划出来。每个人都有自己的发展时区。你身边的有些人看似走在你的前面，也有些人看似走在你的后面，但其实每个人在自己的时区里都有自己的步程。所以，你不用嫉妒或嘲笑他们，每个人都在自己的时区里，包括你自己！放轻松，你没有落后，也没有领先，在命运为你安排的属于自己的时区里，一切都准时。

最终你会发现，面对这个变化的世界，你最需要构建的是一种"自洽力"，也就是面对任何变化都可以自我调整、自我安置和自我接纳的能力。

当拥有了这样一种自洽力时，你就能够在面对人生无常的时候调整自己的状态，随时做好应对变化的准备，也可以在失意低落的时候，安抚自己的情绪，给自己一个独处的空间，更能够在生活里接纳自己最真实的样子，从内心深处汲取力量去对抗人生的熵增，活出理想中的样子。

你要想在人生里构建这种自洽力，就需要从自我认知、思维和行动这三个维度去提升自己，最终形成一个人生稳态的正三角。它是你面对任何人生变化所能呈现出来的一种内心稳定的状态，它的内核就是自洽力。

相应地，本书将分别从自我认知、思维和行动这三个层面去阐释你该如何通过构建个人的自洽力来创造人生稳态。

自我认知篇介绍的是对人生中重要问题的理解、什么是真实的自己，以及你该如何认识自己、了解自己，绘制只属于自己的人生蓝图。这一篇是自洽力构建过程中很重要的部分，是你构建自洽力的前提，因为如果你对自己不了解，那么如何自洽呢？

思维篇介绍的是想要内心自洽，你应该在思维上有什么样的认知变化，比如如何与你的大脑合作，如何看待世界、看待时间等。这些思维方式的认知提升，是你与外界和解的重要筹码。

行动篇介绍的是如何知行合一，让你不仅知道，还能做到。很多人的问题不是知道得太少，而是行动得太少。一个内心极度自洽的人，有动力、有能力做那些对自己而言重要的事情。

算法篇从人生算法的角度，将前面的知识点落实到生活实践中，给你提供一种基于自洽力的人生策略。无论你是焦虑迷茫，还是内耗严重，无论你面对的是生活的动荡，还是职场的"内卷"，都可以从这些人生策略中找到一股来源于内心自洽的力量，勇敢地面对生活的无常。

最后，我给你提供一个自洽人生指南。在这个指南中，我列举了你在日常生活中可能会遇到的很多状况，以及可以参考书中的哪个部分来找到应对的方法，从而帮助你回归内心的平静。

你可以通过认识自己、提升认知和采取行动来达到内心自洽，而这种由内而生的自洽力，最终会让你摆脱内耗，走出属于自己的人生节奏。

目 录

思维篇 重塑对生活的认知 77

算法篇 构建稳定的内核 217

"内卷化"的生活，如何破局 218

自我
认知篇

认识你自己

人生最重要的问题：
你愿意承受什么样的痛苦

一个有趣的问题

这个世界上的人各种各样，但似乎每个人都希望过上无忧无虑、轻松幸福的生活——能够与喜欢的人在一起，赚一大笔钱，受到众人的认可和尊重，没有压力，没有烦恼，所有的事情都顺心顺意。

在你的人生里，你想要什么？基于上述事实，大部分的答案可能都是"我想要幸福、快乐"。可是，这样的答案却并没有多大意义，因为它是大部分人的标准答案，却不会对你的人生有任何启示作用。更有趣的问题是，你愿意承受什么样的痛苦、愿意为什么奋斗？也许你过去从未思考过这个问题，但它才是决定你如何过完这一生的最重要的问题，起着决定性的作用。

每个人可能都想拥有一份出色的工作，都希望自己能财务自由，但并不是都愿意早出晚归遵守"996"工作制、无休止地出差、在安静和孤独的夜晚默默地"码字"，以及在创业艰难的时候咬牙挺下去。我们更喜欢没有风险、没有牺牲，不需要任何积累就能够轻松地把成功和财富收入囊中。每个人可能都希望有和谐、良好的关系，但并不都愿意经历艰难的交谈、尴尬的沉默、不愉快的情绪冲突和情感伤痛来达成美好的关系。我们更喜欢和颜悦色，希望没有冲突、没有痛苦，不用做出任何让人纠结的改变就可以与他人建立一种稳定、和谐的关系，但这些注定是易破灭的幻想，因为任何唾手可得的幸福和快乐都是廉价的，并且只能持续很短的时间，而要想得到持续时间很长的幸福感，就需要奋斗。

人类并不是为了获得快乐而存在于这个世界中的。生命的本质主要就是生存和繁衍。与自然界中的其他生物一样，人类的生理机能本质上并不支持人类一直处于幸福状态，因为这会降低对危险的敏锐度和警惕性。科学家发现，我们目前正在承受的许多痛苦其实来源于人类的进化。比如，两条腿直立行走并且能使用工具是人类成功进化的关键因素，但是由此对人类脊柱产生的压力会导致一种特殊的背痛，甚至直立行走也让分娩变得比其他动物更加危险。但很显然，人类在愿意承受这种痛苦的代价之下，获得了比其他物种更有优势的进化，并走到了食物链的顶端。

因此，生活中的重大收获并不取决于那些舒适感或幸福感，而取决于你愿意经历什么样的不适去达成某些目标或得到某些结果。

你很容易面对生命中那些令人愉快的经历，但在每个人的人生中，如何与糟糕的经历抗争才真正塑造了不一样的个体。如果你想要健康的体魄、完美的身材，可能就要在健身房里让身体承受痛苦和压力，除非你愿意合理饮食，每餐只吃八分饱，抵抗美食的诱惑，否则很难锻炼出挺拔的体态；如果你想要创业成功，获得财务自由，可能就要敢于承担风险，敢于与不确定性交手，除非你愿意在失败之后总结反思，愿意付出时间努力工作，否则不会成为成功的企业家；如果你想要理想的伴侣、理想的朋友，可能就需要不计回报地付出，主动关心对方的情绪变化，除非你愿意在发生冲突的时候依然想要沟通，愿意在发生变故的时候依然初心不变，否则你不会获得一份真挚的感情。

决定你的人生质量的不是"你想享受什么"，而是"你愿意承受什么样的痛苦"。这个世界中大部分美好的东西都暗藏着价码，如果你想要在生活中获得某些好处，那么可能要付出相应的代价。如果你发现自己一个月又一个月，一年又一年地想要什么，但是什么也没得到，那么其实你并没有那么想要它，只是想要毫不费力地获得一些大家都觉得很好的东西罢了。

要想得到幸福就需要奋斗，而努力奋斗本身就自带痛苦的属性。

痛苦是不确定的世界里的必然

在现实中，大家都在追求安全、舒适、没有痛苦的体验，这样的体验在出生之前你就体验过了。

那时，你还是一个在母亲肚子里的胎儿，蜷缩在子宫里，被海水般的液体包裹着，周围黑暗、寂静。你很放松，也很舒适，不需要有任何认知，也不需要有任何行动，那里没有寒冷，也没有饥饿。对于你而言，那是一个没有威胁、非常安全的地方，所以你不会感到丝毫痛苦。

等你出生，降临到这个世界后，不适感随之而来，你哇哇大哭，开始有了认知，听到了不同的声音，看到了斑驳的光影，感受到了现实世界的冷暖。曾经安全的舒适区荡然无存，恐惧袭来，痛苦突然就成了一件很确定的事情。然后，随着渐渐长大，你会面临升学的压力，面临同龄人的竞争，要在这个社会中找一个立足点。不适感，或者说痛苦，渐渐地变成了这个不确定的真实世界里的一种必然。

痛苦对于个人而言，是必要的。因为如果没有痛苦，你就只会停留在那个舒适区中，日复一日地过着毫无变化的生活。能够感知到痛苦并且能够借由它从人生中获益，才是痛苦之于人生的价值。

有人会问："思考，努力，提升认知，这些都会让我们不舒服，让我们感受到痛苦。人生苦短，我们为什么不可以做一个追求舒适的人呢？这种很'佛系'的选择不对吗？"

不愿意思考，不愿意努力，只想"躺平"，这种看起来与世无争、自得其乐的"佛系活法"往往适得其反。

吴伯凡老师曾说过一个很有意思的例子，有一种"穷忙族"，他们不愿意上学、上班，也不愿意追求世俗的浮华。可是，为了满足基本的生活需求，他们每天却要花很长时间游荡在地铁里捡垃圾，或者去救济站领取一点儿生活物资。

这样的生活舒适吗？就算你在当下生活没有负担，在一个公司里有一份安逸的工作，没有过高的生活要求，可是，这个世界是在不断变化、高速发展的。你的工作随时可能被别人取代，你能过上的平淡生活，也许某一天会因为物价上涨而变得遥不可及。你所谓的舒适，因为外界的变化，显得脆弱不堪，随时可能被打破。

也许你还会狡辩说，可以不断地降低自己的要求，以获得那种舒适感。可是，这种以降低自我要求换来的舒适，只会变得越来越不舒适。比如，你为了避免得到打扫房间带来的不适感和痛苦感，选择降低自己对房间整洁的要求，结果房间就会变得越来越乱，然后你又进一步降低自己的要求，这样就会形成一个恶性循环。你最后获得的不是舒适感，而是陷入一种持续的将就中。你在舒适上的懒惰，往往要付出一些代价。

其实，就算你已经财务自由，能够过上一种人人羡慕的舒适生活，但是这时处于舒适区的你，未必能获得持续的快乐。快乐是有高下之分的，根据马斯洛的需求层次理论，人们的需求呈现金字塔结构，下面的是生理需求、安全需求，再往上是社交需求和尊重需求，顶端是自我实现需求。在每一种需求得到满足时，人们都能获得快乐，但是需求的层次越高，快乐的持久度和愉悦度也会越高。

你认为获得了很好的物质满足，寻求到了一种舒适的生活，算是一种快乐，但这只是一种消极的快乐。这种快乐是很短暂的，体验多了就会腻，往往并不具有持续性。你在直面痛苦，战胜痛苦的时候，往往会得到一种更畅快淋漓的快乐，因为满足了自己更高层次的需求。比如，一些健身爱好者，在锻炼身体的过程中并不感觉舒适，反而会感觉痛苦，但是一旦成功地挑战了自己的极限，就会感觉快乐，这不仅让他的健身更有成效，而且能够持续地激励他行动，这就形成了一个正向循环。

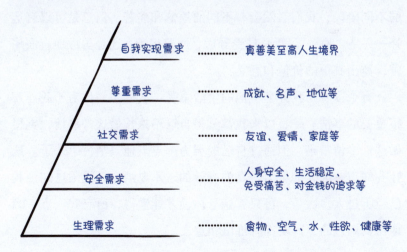

在很多人的认知里，吃苦就是卖力，吃苦就是熬夜，吃苦就是不怕累，但这些其实是非常肤浅地理解吃苦。真正的吃苦，并不是让身体承受痛苦，而是能够通过自我掌控和独立思考去抵抗人性的懒惰。比如，在面对甜食诱惑的时候敢于拒绝，在一路独行的时候愿意忍受孤独。真正能吃苦的人明白承受什么样的痛苦对其是有价值的，所以会把时间和精力都聚焦在自己想要做的事情上，并敢于舍弃娱乐生活，放弃无效社交，远离无意义的消费。吃苦在本质上就是愿意长时间聚焦于某个目标，而这需要一个人具备自控力、自制力和深度思考的能力。

学会熬出生活的意义

世界的不确定性让我们明白，痛苦的感受在所难免。在人生的不同阶段，我们必然会有不同的烦恼和痛苦，但总是可以有选择——是"躺平"，暂时享受舒适，回避痛苦，还是勇敢地直面痛苦，熬出其中的价值和意义？

有个读者与我分享了他的生活感受："我做了一件对于我而言很重要的事情。一直以来我都觉得自己不擅长做这件事情，觉得做这件事情很难，但通过自己的努力一点点地'啃'下来了。这让我知道一天天的努力是真的有效的。不要给自己设限这句话我已经听过太多次了，可只有亲身体验才能懂得，所有我一点一滴地认真做过的，其实都有价值和意义。"

在人的一生中，既会有高光时刻，也会有至暗时刻，但总是有些事，需要你熬一熬才能有所得。以写作这件事情为例，如果想要成为一个下笔如有神的作家，就不能仅仅靠心血来潮来写作，你要每天写，每月写，每年写。在这个过程中，你要冥思苦想，要忍受寂寞，要对抗自我怀疑，还要接受别人的评判。即使你得到了一些认可，也需要坚持写，持续思考，因为停止创作就意味着灵感枯竭，而这个状态，就是"熬"。

那些所谓的痛苦的、艰难的经历，都是可以熬过去的。当一个人有了熬的真本事时，他的内心就会生长出一种自洽力，让他勇于、安于对抗当下这个世界的不确定性，让生活有意义。

如果你熬过粥，就该知道，从生米加水，到最后熬成一锅好粥，需要的是时间的沉淀。所以，熬不同于其他的努力，不是一个瞬间完成的动作，而是一个持续发力的过程，是带着些许挑战的匍匐前行，这听起来就不是一件轻松的事情。

村上春树在成为小说家之前，开了一家爵士乐酒吧。虽然他做的是自己喜欢做的事情，但是负债累累，偿还债务颇为艰难。当时，他和太太每天起早贪黑，省吃俭用，家里既没有电视，也没有收音机，甚至连一个闹钟都没有。因为没有取暖设备，在寒夜里只好紧紧地搂住家里的几只小猫睡觉，互相取暖。后来，他有了写小说的念头，除了每天记账，检查货物，还要钻进吧台后面调制鸡尾酒，烹制菜肴，在深更半夜店铺打烊之后，再回到家里，坐在厨房的餐桌前写稿子，一直写到昏昏欲睡。

这样的生活持续了将近三年，不过他总算心无旁骛地度过了那段艰苦岁月。在这个过程中，村上春树活过了相当于普通人两倍的人生，磨砺了自己的写作技巧和能力，同时也获得了专业奖项。村上春树在文章里回顾那段岁月的时候写道："回过神来，我多少变得比以前坚强了一些，似乎多少也增长了一些智慧。""尽管眼下十分艰难，可日后这段经历说不定就会开花结果。"

刚开始，可能是热爱和渴望驱动着大家坚持，但是渴望足以支撑那么长时间吗？没有人知道，而且即使你再热爱，每天反复地去做同一件事情，也是枯燥的、辛苦的，但村上春树只有一个念头——我想要成为小说家。他坚持写作，把时间和精力都花费在文字的打磨上，这就是他在时间里熬着自己所爱。

只是简单地坚持并不算熬，因为你只是在随意地打发时间，对你的生活产生不了什么价值。但是，如果在坚持之外再加上专注，你就是在主动地为生活创造价值，这才是熬时间的意义。

熬的这个过程，其实对应着物理学里的"做功"过程。

在经典物理力学中对"做功"有这样的定义：当一个力作用在物体上，并使物体在力的方向上通过了一段距离时，这个力对物体就做了功。熬的过程，就是你在人生里做功的过程。对应到力学，专注就是你作用在人生某件事情上的"力"，而坚持就是你让这件事情在力的作用下通过的"距离"。当在熬的这段时间里真正地做功时，你就会将做功的能量转换到这件事情上，让这件事情有一个对你而言好的结果。

生活中"熬"的本质就是坚持和专注。在人生里，但凡有点价值的结果，往往都不会轻易地显现。你要慢慢熬，慢慢悟，感受生活中的一点一滴。每一个对自己的人生稍有期待的人都如此，都需要熬。这个艰苦的工作，是人注定要做的，幸福的孩子如此，不幸的孩子也如此，只是每个人熬的路径不同。你的人生可能不会一帆风顺，你很可能在转角处经历生活的至暗时刻，可是你要熬过那些令人沮丧的日子，要坚持住，要专注于做某件事情，然后一步一步熬出其中的意义，而这是人生注定的任务。

生活从来都是不容易的。你在生活里熬过什么样的痛苦，才能最终造就一个什么样的你。这个熬的过程，就是你发掘生活意义的过程。其实，幸福和美好不是唾手可得的，而是需要抗争和坚持的。然后，你才能在时间的见证下，熬出生活的意义。

有时候，我会问别人："你愿意怎样受苦？"很多人在听了这个问题后都会很疑惑地看着我。他们诧异的是，为什么要选择受苦？每天开开心心不是更好吗？可是，在漫长的人生里，你必须主动地选择做一些困难的事情，不能没有痛苦地生活，生活中更不可能全都是鲜花和掌声，在更多的时候，生活中充满了荆棘和诱惑。

你愿意承受什么样的痛苦，愿意为什么奋斗，才是最重要的问题。想要享受什么是一个简单的问题，每个人几乎都有相同的答案，但是更有意义的问题是，在你的人生里，你愿意承受的痛苦是什么？

你对这个问题的答案，会真正让你打开某种自由的大门。

成为你自己，才是人生暴富的捷径

从微信开始有朋友圈，我就一直用这个签名——有时候我需要退开一点儿，清醒一下，然后提醒自己，我是谁，要去哪里？

我已经不记得是在哪里看到这句话的，只是每次要在一个新的社交账号上设置个性签名的时候，几乎都会将它填上。这句话最触动我的是，需要在生活里时刻提醒自己的最后那几个字——我是谁，要去哪里？

其实，所有的事，都能归结到下面这三个亘古不变的问题上：

- 我是谁？
- 从哪里来？
- 要到哪里去？

"我是谁"，指的是你要了解自己，了解自己的特质优势，了解自己的能力边界；"从哪里来"这个问题，决定了你的际遇，这与你所处的环境有关系；"要到哪里去"，则是你给自己设定的方向或者目标。其中，"我是谁"，是这三个问题中的关键。

在 2000 年前，古希腊人在阿波罗神庙的门柱上刻下了一句箴言——认识你自己，以此作为神谕。认识自己的目的，其实就是去回答"我是谁"这个问题，由此你才能找到自己来到这个世界的意义和价值，并以此拓展出"要到哪里去"这个问题的答案。

所以，人生的终极目标，就是成为你自己。你只有清楚地认识了自己，然后去做那些"成为你自己"的事情，才能够真正活出内心渴望的状态，进而收获人生的富足和自由。

成为你自己：不靠运气致富的必经之路

"成为你自己"并不是一句新鲜的话，只不过在这个时代，很多人都在做着"成为其他人"的事情，因为已经习惯了那种随大流的生活。

从小开始，好好学习，考个好小学、好中学，然后考个好大学，找个好工作，努力赚钱，再找一个对的人结婚生子，让自己的小孩继续上个好小学、好中学、好大学，找个好工作，继续努力赚钱。这似乎是大多数人都认可的一条走向富足生活的道路。这条道路没有太多对于"我是谁"这样的问题的思索。相反，它其实是一种大多数人理想化了的人生套路。结果，在上学的时候，你想要成为"别人家的小孩"。在上班的时候，你想要成为领导那样的人。到中年时，你又开始羡慕起那些功成名就的企业家、自由人。

如果你真的生搬硬套地往自己身上放，那么不见得能够获得同样的理想化结果，甚至内心会极不自洽，内耗严重。以找个好工作为例，大多数人定义的好工作就是赚钱多，能够供得起大房子，付得了每年旅游的费用，还能够过上美好生活的工作。可是，这样的好工作是不是真的适合你？你是不是够得上？就算够得上，是不是很艰辛？你愿意牺牲陪伴家人的时间吗？这些问题都因人而异。可也正因为每个人的性格、境遇、价值观都不同，所以，不见得主流的人生套路，对每个人都适用。有太多的人，获得了大家眼里的好工作，却常常郁郁寡欢，甚至因为劳累而身体垮掉影响家庭，最终的富足也成为泡影。

你很少有空静下来问问自己："我到底想要什么？我的内心真正渴望的是什么？"因为你都挤在成为其他人的路上，相互竞争，"内卷"，所以你的内心开始焦虑、迷茫、冲突不断。

纳瓦尔是一名非常成功的硅谷投资人。他是印度裔移民，20多年来一直在美国硅谷创业和投资。他的最著名的投资项目有两个，一个是推特，另一个是优步。他在《纳瓦尔宝典》中提到了一个观点——一个人只有拥有了独到知识，才能真正地富足。

所谓的独到知识如下：

● 销售技巧，擅于与人交谈且能抓住痛点。

● 音乐天赋，有能力演奏任何乐器。

● 痴迷的个性，能潜心研究事物并且迅速记住。

● 玩过许多游戏，深入理解博弈论。

● ……

独到知识算是一种古怪的组合，包含了你的独特的 DNA 特性、独特的成长环境及你对这种环境的反应。它几乎是根植于你的个性和身份之中的。没有人可以教授你独到知识，但是你可以发现它，然后刻意练习独到的技能。所以，你需要思考，什么事情是你自己并不认为是技能和技巧，但是你周围的人却注意到你做得很棒的事情，你可以从中发现你的独到知识。

以我自己为例。小时候，我喜欢画画和写字，常常独自一个人坐在房间里写写画画几个小时，有时候临摹动画人物，有时候写上一小段小脑瓜里的遐想。我做这些事情，不是为了让别人赞赏和认可，不是为了打动父母和老师，仅仅是为了纯粹的快乐。随着自己渐渐长大，由于种种原因，我停了下来，那些纯粹快乐的日子离我越来越远。

我们都有与小时候爱的事物失去联系的趋势，来自青春期的同伴压力和成年后的社会压力使我们失去了热情。我们被告知，做某件事情的唯一原因是我们能够得到回报。世界的交易性质不可避免地让我们窒息、感到迷失并陷入困境。

假如 6 岁的我问现在的我："你为什么不再画画，不再写字了？"如果我的回答是"因为我不擅长"，或者是"因为没人会看我创作的东西"，又或者是"因为那样做我赚不到钱"，那么 6 岁的我一定会很困惑，因为那时的我从来都不会在乎一篇文章有多少人看，也不会在意银行卡里还剩多少钱，而只是想玩，只是想要午后的那些属于自己的纯粹快乐，那就是人生热情开始的地方：一种生活的充实感。

当在做那些真正热爱的事情的时候，你其实就是在"成为你自己"，而当成为你自己的时候，你就拥有了自洽力，可以随时随地地接纳自己，安置自己。

纳瓦尔还说："在'做自己'这件事情上，没有人能与你竞争。""人生的大部分时间都是寻找，寻找那些最需要你的人，寻找那些最需要你的事。"你所做的事情是"你是谁"的延伸，那么就没有人可以与你在这一件事情上竞争。

《巨人的工具》这本书的作者专门采访了一个名叫斯科特·亚当斯的人。他是呆伯特系列漫画的作者。亚当斯写博客，画漫画，出书，特别高产，而且内容自成体系。他的呆伯特系列漫画已经被翻译成 25 种语言在 65 个国家的 2000 多份报纸上转载。在获得这些成就之前，他混迹于银行和通信公司，是千千万万个打工人中的一员。但是，当选择成为他自己时，他就愿意在工作的业余时间画画和写作，因为画画和写作是他的独到知识和技能，始终打着他个人独特的烙印。虽然他每天早上 4 点就得起来画画，晚上还要更新博客，而且当时这些给他的物质回报非常少，但是他依然乐此不疲。所以，当跳出了"成为其他人"的困局，找到了"成为自己"的路时，他收获人生的富足就是顺其自然的事情。

　　这里并不是说你要抛开现有的工作去追求所谓的兴趣爱好，而是说你要发掘自己的独特优势，让你现在做的事情可以发挥你的优势和特质，这样才能让你不仅获得成就感，还能因为出色的表现获得足够的回报，进而过上富足的生活。

活出自我：构建专属于你的身份系统

　　大部分目标的达成，往往都需要一个漫长的过程。你在这个过程中一步一步地接近目标，一步一步地构建出你想得到的结果，这是一个持续变化的渐进式历程，而非一个静态结果的即时呈现。亚当斯最终的功成名就来自他基于自身独特的天赋和特质给自己构建了一个专属于他的身份系统。他画画和写作，不是为了完成一个具体的"目标"，而是为了达成对自己的身份定位。

　　詹姆斯·克利尔在《掌控习惯：如何养成好习惯并戒除坏习惯》中提到了行为改变的三个层面，分别是身份、过程和结果。人生状态的改变，往往涉及"Be—Do—Have"的心智模式，这分别对应了詹姆斯·克利尔所说的身份、过程和结果。

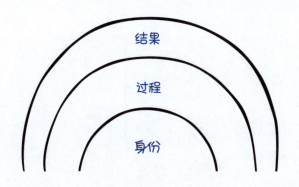

（1）身份层面——Be yourself（成为你自己）。

最深层面的改变是自己想成为什么样的人，过什么样的生活，比如改变价值观，改变自我认知或者处世原则，这一层面的改变往往是你的内在信念的改变。

（2）过程层面——Do something（做什么）。

这一层面的改变是自己要做什么，比如换一种写作的方式，执行健身计划，开始学习一门英语课程，这一层面的改变往往是习惯和行动的改变。

（3）结果层面——Have something（要什么）。

这一层面的改变是自己想得到什么结果，比如想减肥，想通过写作赚钱，想考试成功。这一层面的改变是你看到的结果的改变。

想要成为其他人的人，往往都是想要在结果层面改变，先把注意力放在想得到什么样的结果上，然后才去关注要做一些什么事情，这是一种由外向内的改变，往往很难触及身份层面的改变，这也是很难真正实现目标和自我价值的根源。

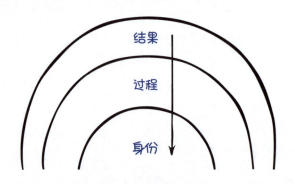

因为身份的背后有着根深蒂固的信念，所以如果你的行动和内在信念是冲突的，你就很难持续做那些可以引发改变的行动。比如，你想有很多钱，但你的内心的潜在的身份定位是一个花钱的人而不是一个赚钱的人，那你更可能继续想着购物、消费，成为月光族，而不是创造价值，积累财富。

真正能让你持续做出改变的是，先从身份层面的改变出发，去了解自己，找到内在真实的渴求，从而明确想成为什么样的人，过什么样的生活。

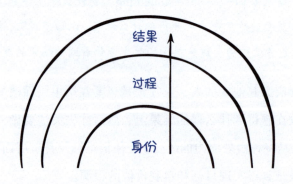

这种身份系统的重新构建，其实就是"成为你自己"——经过对自我的认知和思考，你想清楚了自己到底是谁，有什么样的特质和优势，然后借由这些特质和优势，可以成为什么样的人。

现实却相反，太多的人关注怎么做，如何成功，这些都是过程层面的；但本质上，相信什么，你究竟是谁，想成为什么样的人决定了长期的结果，这些都是身份层面的。所以，你的问题在于，总是围着结果和过程这两个层面打转，却从来没有在身份这个关键层面上下功夫。

基于"Be—Do—Have"的心智模式，在考虑"要什么"和"怎么做"之前，你要先知道自己是谁。

- 你的目标不是读很多书（Have something），而是成为一个爱读书的人（Be yourself），如此你才会愿意在工作之余安静地拿起书来读（Do something）。
- 你的目标不是去跑马拉松（Have something），而是成为一个爱运动的人（Be yourself），如此你才会给自己制订一个循序渐进的跑步计划，积极执行（Do something）。
- 你的目标不是写很多文章（Have something），而是成为一个作家（Be yourself），如此你才会持续地输入、思考，不断地创作（Do something）。

身份系统来自你对自己的认知和了解，而从本质上来说，源于你最终想成为你自己。所以，你要先从身份层面着手，挖掘自己内在的天赋、特质和爱好，感悟和体会自己真正的渴求，如此才能构建出成为你自己的身份系统，而不是随大流地给自己贴标签，想要成为其他人。

你可以参考以下两个步骤，通过成为你自己来构建你的个人身份。

1. 确定你想成为哪种类型的人

明确你自己是谁，期望拥有一个什么样的身份，其实就是在探索自己独特的兴趣和爱好是什么。一个人正是在自己独特的爱好的驱动下，才能够掌握独到知识，进而获得变得富足的机会。你可以找到你想要得到的东西，然后挖掘出什么样的人会拥有这些东西。

你热爱写作，想拥有一个作家的身份，就可以观察身边拥有作家身份的那个人到底拥有什么样的特质和能力。你喜欢编程，在工作上想成为架构师，就可以观察身边拥有架构师身份的那个人，看看他到底有什么样的知识、技能。

2. 通过小的成功来证明你能成为那样的人

你的行动会强化你的身份，而你的身份又会进一步驱动你的行动，身份和行动的关系就是一种相互促进的关系，最终会形成一个正循环。比如，你想成为一个作家，所以会持续地写作，而你一直写作，也是在强化你的作家身份。所以，去做一些与自己的身份定位相关的事情，门槛不要设置得太高，要让自己能够在实现一个个小目标的过程中获得成就感，驱动自己坚持下去。

只要你的内在定位准了，需求改变了，行动自然也就变了。这样的行动，因为有了持续的内在刚需驱动，所以才会变得长久。

追寻使命：在成为你自己的同时，兼顾利他主义

当明确地知道自己想要什么，想成为一个什么样的人，并且能够给自己定位一个身份系统活出自我的时候，你就来到了"成为你自己"的下一个阶段——感受使命的召唤。

人的一个高级需求就是自我实现。那些获得了稳定、安逸的生活，已经非常优秀的人，现在依然努力、依然勇于接受新的挑战，就是为了实现自我，甚至超越自我。如果只为了眼前的琐事而工作、学习，那么没有多大意思，你要有一个更大、更远的愿景，找到人生的使命。

那什么是人生的使命呢？马克思曾说："作为确定的人，现实的人，你就有规定，就有使命，就有任务，至于你是否意识到这一点，那都是无所谓的。这个任务是由于你的需要及其与现存世界的联系而产生的。"

其实使命就是我想做和我能做，以及他人需求这三者的结合。换句话说，就是你真正想做的事情，不仅有能力做，还能满足他

人的需求，这就是你的使命。相较于身份层面，使命是更高一层的精神层面的，其实更有助于你确认自己的身份。在使命这一层，你要思考的问题是，"我能为别人提供什么？我擅长给别人提供什么帮助？"

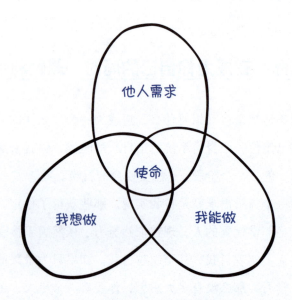

从开始写公众号文章以来，我经常会收到一些读者的反馈，他们告诉我哪些文章给了他们怎样的思考和帮助。

"再读你的文章，我感慨万千，最初读你的文章是在我上高四的时候。我患有重度强迫症，中度抑郁症。在看了你的文章后我选择了自救，那时不断地问自己怎么回事，直到问出自己的答案，选择了就医。当初的我不在乎别人的看法，不在乎别人说我是神经病，不在乎别人觉得我是个不合群的人。现在的我挺好的，在大学当上了班长，做自己想做的事情，过去的几年真的好像梦一样，生活没有那么多的华丽，最多的还是平凡，但我的内心依然装着星辰大海，祝我以后生活得开心，同时也祝你以后开开心心。"

"雨令，还记得我吗？2021 年 5 月我第一次转到管理岗，在迷茫中给你留言，你鼓励我向前冲！一年过去了，我活下来了。上周我的部门发生了人事变动，我在情感受到重创的同时也得到了前所未有的机会。我重整出发，为自己的团队加油打气，谢谢你。"

这些读者的反馈极大地触动了我，因为我发现写作不仅能够帮我建立作家的身份，满足我表达的欲望，而且还能够给别人的人生带来积极、正面的影响，这让写作这件事情变得更有价值和意义，进而成了我的人生使命。

使命是内在需求和他人需求的结合。如果仅仅是内在需求，你也许就会停留在"小我"的陷阱里，自娱自乐，从中获得的价值感和意义感都极其有限，而当把内在需求和他人需求结合的时候，你就不仅仅满足自我，而且在扩大自己的影响范围，这有助于构建更大的意义感和驱动力。

成为你自己，就是从"想做什么"到"能做什么"。在这个过程中，你成为你自己，这涉及了你的内在需求。使命，则是让"成为你自己"这件事情与外界发生联系，让他人也从你个人的"成为你自己"这件事情上获益。所以，最终所谓的使命，就是"我想做"、"我能做"，以及"他人需求"这三者的结合。当能够在成为自己实现自我价值的同时，兼顾他人的需求，秉持利他主义为他人提供价值时，你的人生富足的概率会非常大。因为一个人能为他人提供的价值越大，他本身的价值就越大。

当理解了使命的真正含义时，发现使命的方法就非常简单。一方面，你可以通过自我探索，试错，找到并接纳自己的独特性，发现自己真正渴望做的事情，建立自己独特的身份，这就是前面说的探索"我是谁"这个问题。另一方面，你可以试着把这件事情和他人需求联系起来，找到其中的耦合点。

方法其实很简单，但是具体如何使用这些方法，却需要多思考、多实践，不断地打磨，突破心智的局限，这就是所谓的知易行难。在非常清楚"想做什么"并且"能做什么"的时候，请想一想，你同时还能满足他人的什么需求。

人生的终极目标，就是成为你自己。只有成为你自己，你才能真正在一件事情上长久地取得成就。当愿意构建属于你的身份系统，活出自我，并且结合他人需求形成人生使命，感受使命的召唤时，你收获人生的富足和自由就是一件确定性很高的事情。

之所以"成为你自己"是一条人生富足的捷径，是因为当发自内心地做一件"成为你自己"的事情时，你是自洽的，总是处于巅峰状态或者说心流体验。在这样一种体验里，你始终处于专注而愉悦的状态，进入忘我的境界，会觉得时间过得特别快。蓦然回首，很多想要做的事情已然完成。

　　如果你选择"成为你自己"，那么需要持续地向内看，持续地自省，持续地试错，然后不断地调整自己的认知和价值观，这是一个了解自己，认识自己，重构自己的过程。当你的心智足够成熟的时候，很多事情你都可以做好、做成，而正因为最终你成为你自己，所以由此塑造的世界才是自由而富足的。

保持情绪稳定，做生活的主人

当面对同一件事情时，有的人深陷情绪的漩涡中，抱怨，愤怒，悲伤，不能自拔，而有的人则淡然处之，云淡风轻，总能够保持情绪稳定。

内心自洽的一个很重要的表现，就是能够保持情绪稳定。那些能够保持情绪稳定的人，往往都是生活中的明白人。他们不会被突发的情绪所控制。相反，他们会尽力解决该解决的问题，做好该做好的事情，至于情绪，从来都是在不动声色中被消化于无形。

说实话，我曾经也是纠缠于"烂人""烂事"，被情绪所牵绊的糊涂人，坐在跌宕起伏的情绪过山车上毫无觉察，最终蹉跎了很多时光而不自知。随着人生阅历的丰富和对情绪产生的根源的不断探索，我越来越认识到保持情绪稳定的重要性，也越来越明白只有不被情绪所控制，才能把时间和精力放在那些重要的事情上，才能与他人构建和谐的关系。这种不被情绪困扰而展现出来的自洽力，让我能够更从容地掌控自己的生活。

情绪化的人，输在哪里

几年前，我受一个组织邀请去做分享，那是我第一次面向大众演讲，所以非常想做好。为了准备得更充分一些，我提前一周写 PPT。可是，计划很美好，现实很残酷——我一直拖延到分享的前一天才手忙脚乱地把资料准备好，整个人非常焦虑。

回过头来看，在这个过程中，我的内心中有很多情绪交织在一起。

第一层：对抗的情绪。

我感觉面向大众演讲这件事情太难了，就像一座高山一样，我不想爬。

第二层：自卑的情绪。

我觉得自己是性格内向的人，很难把侃侃而谈的形象与自己联系起来。

第三层：恐惧和害怕的情绪。

我害怕自己做不好，害怕自己表现得太差被人嘲笑。

第四层：羞愧的情绪。

我进一步质疑自己，为什么做不好？为什么本来可以早准备，结果还是拖延到最后一天？

在种种情绪的牵绊下，我使不上劲，什么都做不了。甚至因为我时不时就会表现出不安、焦虑和情绪化，所以连最亲近的家人也深受困扰，受到伤害。

在这个过程中，我经常会选择以下三种方式来处理情绪。

1. 发泄

我很不安，很焦虑，所以想要搞破坏，摔东西，或者文明一点儿，疯狂购物，胡吃海喝，还可能给家人脸色，伤害最亲近的人。

2. 压抑

因为不愿意伤害别人，或者担心发泄情绪的后果，所以就压抑自己的情绪，即使内心已经波涛汹涌，巨浪滔天，也强忍着内心的煎熬。

3. 转移

转移自己的注意力，做一些其他的事情来忘却恐惧、痛苦或者愤怒的情绪，假装什么都没有发生，或者疯狂地看电视剧，或者疯狂地工作。总之，要让自己被其他事情填满，不留给情绪发泄的空间。

说实话，这些处理情绪的方式并没有什么用。发泄情绪会对他人造成伤害，长期压抑情绪会出现严重的心理问题，甚至抑郁，转移情绪虽然可以暂时忘却烦恼，但情绪却依然会在毫无防备的情况下悄然爆发。

情绪的力量非常惊人，正面情绪会推动我们做很多了不起的事情，而负面情绪则会阻碍我们做想做的事情，成为想成为的人。一个情绪化的人，不仅没有办法专注于做好眼下的事情，而且还很难与他人建立良好的关系。相反，那些真正能够保持情绪稳定的人，赢在可以气定神闲，从情绪中抽离出来，从而让自己的思维和心智处于一种良好的状态。

《大学》有云："知止而后有定，定而后能静，静而后能安，安而后能虑，虑而后能得。"这句话的意思是，当遇到一件事情，尤其是遇到那种突如其来的事情时，你不要匆忙地应对，而要消除内心的杂念让情绪稳定。如果你无法让自己情绪稳定，那么在处理事情时往往会陷入一种匆忙、焦躁的状态，这只会漏洞百出。

《大学》里所说的就是一种"每临大事有静气"的情绪稳态——你先学会"止"，然后才能入"定"，让自己在淡定的状态之上进入"静思安宁"的状态。只有达到心绪的宁静状态，你的思维和心智才不会被情绪所左右，才能摆脱那种不假思索、低质量的思维状态。当你的思维质量足够高的时候，你处理问题才能得心应手，才能最终有所"得"。

情绪到底来自哪里

情绪，是与生俱来的。当还是婴儿的时候，你就已经会跟随情绪展现不一样的行为了，害怕了会哭，开心了会笑。

事实上，人类在进化的过程中，大脑的发展经历了以下几个阶段。

第一个阶段：爬虫脑。

这一层大脑在爬行动物时代就已经发展好了，其主要作用是维持人体的基本生存功能，包括控制生命的功能、身体的生长过程，以及新陈代谢，比如呼吸、血液循环等，同时它也会让你能够对周围环境的刺激做出各种本能反应。

第二个阶段：情绪脑。

这一层大脑在哺乳动物时代就发展出来了，其主要作用是表达情感，形成记忆。它可以与爬虫脑相连接，产生各种情绪和生理反应，让你可以根据外界的反馈获得不同的感受。

第三个阶段：理性脑。

这一层大脑就是学术上提到的大脑新皮层，它能够通过客观分析和推理来识别当前真实的状况，以便进行更复杂的运作。

这样的发展经历让人类具有以下两种心理模式：

（1）**情感模式**。这是一种先天本能的反应，可以让我们感知痛苦和快乐，可以让我们激情澎湃，也可以让我们消沉低迷。

（2）**理智模式**。这是一种后天的反思能力，可以让我们分析事情的原委，让我们思维清晰，采取的行动更具逻辑性。

有一个形象的比喻：象和骑象人。**人类的"情感模式"是自由随性的大象，而"理智模式"则是克己复礼的骑象人。**大象渴望及时行乐，好逸恶劳，阴晴不定，总是愿意为了眼前的利益而放弃长远的好处，就像你明明知道自己胖，却还是抵挡不住美食的诱惑；骑象人则希望大象能够超越当下，深谋远虑，能够为了实现目标而克制欲望。

可是，情感模式来自经过上万年进化的爬虫脑和情绪脑，它的力量比起很晚才发展出来的理智模式强大太多。当你的情绪泛滥的时候，甭管你有多么高的认知水平、多么理性的思考，往往都毫无还手之力，很快会被情绪所控制，变得暴躁冲动，恐惧害怕，什么都做不好。

现在很多旅游景点都有玻璃栈道。人站在上面往下看，可以看到万丈深渊，有种悬空的感觉。其实，从理性的角度来看，人们都知道自己是安全的，这种玻璃栈道的支撑力比一般的钢板还强，用锤子都砸不断，但是，本能的恐惧情绪却往往会让很多人望而生畏，迈不开步子，明明知道很安全，却还是被情绪所控制。

自由随性的大象如果不受控制，就会被情绪牵着鼻子走，凭借直觉本能地横冲直撞，忽高忽低，任其摆布。

引发情绪的东西有很多，但是究其根源，主要有以下两个。

1. 信念冲突

心理学中有个著名的"ABC 模型"。

A 是当前发生的事情，B 是你对该事情的认知和评价而产生的信念，C 则是事情引发的行为结果（情绪）。

事情 A 只是引发行为结果 C 的间接原因，而真正的原因其实是信念 B。

比如，迎面走来一个同事，你跟他打招呼，结果他没有理你。如果你持有一种"他这个人这么傲慢"的信念，那么你的内心将出现愤怒的情绪，然后你做的决定可能就是永远都不理他；如果你持有一种"他有什么心事"的信念，就会愿意主动过去关心他，与他聊天。

你常常以为是事情引发了情绪，其实是内心的信念引发了情绪，情绪只是信念的外显。

2. 能力不足

当能轻松地解决眼前的问题时，你会感觉很顺利，而且内心洋溢出自信的情绪；如果无法解决当前的问题，你可能就会感到恐惧、烦躁和焦虑。比如，我准备演讲，一旦觉得无法胜任这个工作，就会不自觉地出现很多情绪。

你之所以有情绪，一方面是因为它是进化而来的，另一方面是因为你对一件事情有了评判，起了分别心：符合你的信念的就是好的，不符合的就是坏的。事实上，你的信念无法理解这个真实的世界才是问题，你的能力无法解决眼前的问题才是原因。

保持情绪稳定，你该怎么做

每个人都有情绪，情绪有积极的和消极的，有喜欢的和不喜欢的。情绪其实是送信人，每一种情绪都携带着重要的信息来与你沟通。如果你满怀诚意地收下这个信息，理解并应对好它，它就会默默离开。否则，它只会一次次地不请自来，反复地出现在你的生活里。

情绪越大，包含的信息越重要，如果你不理睬它，视而不见，它就会反复地通过各种生活情景呈现给你。那你该怎么做呢？

1. 自我觉察

应对情绪的第一步是自我觉察，这是一种"内观"的功夫。这一步至关重要，只要你做到了，就已经在这场没有硝烟的战争中赢了一半。

所谓内观，就是要深切地意识到你现在所处的状态：当生气的时候，你能够觉察到自己正在生气；当愤怒的时候，你能够觉察到自己正在发怒。这种觉察是不带有任何主观评价的，所以一旦你进入内观，就能够从当下的情境中抽离出来，开始审视自己的状态和行为。

要觉察到情绪，就需要锻炼内观的能力——能够觉察到自己内在感受细微变化的能力。比如，你看到别人做一件事情做得很好，可能会有一些心理上的变化，要么很欣赏他，从心底里觉得他很棒，内心感受到的是羡慕、喜悦的情绪，要么嫉妒他，内心很不自在。这时，如果你有足够的自我觉察，就能够及时地感知自己有怎样的情绪，进而为应对情绪做好准备。

那如何锻炼内观的功夫，拥有敏锐的觉察力呢？在我看来，最简单的方法就是冥想。下面是指导你冥想的一些步骤：

第一，创建一个安静的环境。找一个安静、舒适的地方进行冥想。关闭电视、手机等，确保不会被打扰。

第二，坐下来。盘腿坐在地上或者床上，或者选择一个舒适的坐姿坐在椅子上，保持身体放松但保持警觉。

第三，关注呼吸。将注意力集中在自己的呼吸上。深吸一口气，然后缓慢地呼气。注意呼吸的感觉和节奏，不要刻意改变它，只是观察它。

第四，观察身体的感觉。逐渐放松身体，从头部开始，向下扫描身体的每个部位。注意感受身体的轻重感、温度、舒适或不舒适的感觉。如果你发现有紧绷或僵硬的部位，那么试着在呼气时放松它们。

第五，注意思维。意识到你的思维活动，但不要判断或陷入其中。当思绪漂移时，将注意力重新放到呼吸或身体的感觉上。你可以把思维比作流水。你是岸边的旁观者，只是观察它流过而不陷入其中。

第六，增加时间和频率。开始时，尝试进行短时间的冥想，例如 5 到 10 分钟。随着练习的深入，逐渐增加时间，达到 15 分钟甚至更长时间。也可以每天进行多次练习，以形成冥想的习惯。

在这个过程中，很容易走神，这非常正常，因为你在大部分时候都很难长时间专注，所以如果你发现自己走神了，就重新把注意力放在呼吸上。

当能够做到自我觉察时，你就会跳出直觉本能，以一个"旁观者"的角色来审视当下的事情和情绪，这时在你的大脑里，骑象人可以积极引导大象，进而让你做出超越本能的自我选择，获得掌控人生的内在力量。

2. 乐观、积极地处理

在觉察到了情绪之后，你要做的不是控制它，压抑它，而是试着与它共处。因为任何一种情绪被忽视、被压抑，都将以更惨烈的方式回到你的面前。

根据之前介绍的"ABC 模型"，情绪来自我们的信念系统是如何解释外在世界的。无法保持情绪稳定的人，往往会陷入"负面 ABC"的恶性循环，在情绪的跌宕起伏中一事无成。

积极心理学之父、美国心理学家马丁·塞利格曼在《活出最乐观的自己》一书中提到了一个处理情绪的"ABCDE 训练法"：

①A：Adversity（逆境），发生了不好的事情。

②B：Belief（信念），第一反应冒出的想法（信念）。

③C：Consequence（结果），想法会引发的情绪和后果。

④D：Disputation（反驳），反驳以上消极的想法（信念）。

⑤E：Energization（激发），激发积极理性的行动。

这个方法的关键是，在通过"ABC 模型"分析了发生的事情，了解了自己的想法（信念）及可能造成的后果后，你愿意借助"D"和"E"来中断"负面 ABC"循环。在这个过程中，你有意识地检查自己的想法是否符合事实。

比如，在我准备演讲的例子中，因为我认为自己做不到，所以内心中各种情绪交织在一起。如果采用"ABCDE 训练法"，我就需要在内心发起一场自己和自己的辩论，规则就是，我要尽力反驳那些负面的想法（信念）。下面以做演讲为例来说明如何反驳负面的想法（信念）：

（1）找证据。演讲这件事情很难，我的周围有没有其他人做过？我以前有过在众人面前演讲的成功经验吗？

（2）寻找更多的可能性。我在设计方面不错，这在演示中应该是加分项；来听演讲的人都是积极成长的人，应该都很友善。

（3）给暗示。即使来听演讲的人很多，我也要相信自己可以不掉链子，一直都是很棒的。

（4）做最坏的打算。如果真的演讲得很差，那么也没什么大不了，至少我尝试过，就当作一次人生的体验。

"反驳"的作用不是权衡利弊，而是让自己摆脱质疑、自卑的情绪旋涡，进入"激发"状态，从而采取更积极的行动。一旦觉察到有了负面的情绪、消极的想法，你就要立刻列出"ABC"，然后从不同的角度反驳，直到能够激发自己采取积极的行动。

当你的错误的信念开始动摇，你的想法开始改变时，你的情绪反应也将变得更加积极、合理，而情绪本身，则会在你觉察、接纳了它之后，渐渐消解。这样，你才不会在低层次的情绪里起伏不定，才能进阶为一个情绪稳定的明白人。

有一部纪录片叫《徒手攀岩》，主角亚历克斯·霍诺德是一个极限运动者。徒手攀岩这项运动，除了要有极强的体能，还需要具有极其稳定的情绪状态。面对恐惧，亚历克斯·霍诺德说："身体状态很重要，但对于攀登者来说，精神状态也很重要，最大的挑战是如何控制大脑，因为你不是要控制恐惧，而是要走出恐惧。有些人说要抑制恐惧，我不这么认为，我通过一遍又一遍地练习动作来扩大自己的舒适区。我一遍又一遍地经历恐惧，直到不再恐惧。"

对于任何情绪，你需要做的都不是克服它，因为克服就意味着需要对抗。你不需要与自己的情绪对抗，而是要觉察它，接纳它，并最终将情绪释放。被情绪支配是浪费时间的行为，而要做生活的主人，就要懂得保持情绪稳定，与情绪和谐共处。生活里的明白人，往往都愿意心平气和地拆开情绪投递过来的丑陋包裹，然后，发现其中暗藏的礼物。

对于所谓的外界问题，最终的解决之道都是在自己的身上下功夫。你把自己修好了，你的世界就会焕然一新，因为你看它的眼光不一样了。

自我觉察的层次

一个人想要保持内心自洽，最应该做到的是保持情绪稳定和掌握分寸感，从而让自己始终从容淡定。要想处于这样一种从容的状态，需要的是自我觉察的能力。

事实上，你的大部分思考和行动都处于"自动导航模式"，饿了要吃饭，困了要睡觉，受委屈了要哭，这种省力、节能的模式让你的人生变得高效，所以并不是一件坏事。

真正的问题在于，当处于"自动导航模式"的时间太长时，你就忘记了如何开启"自我觉察模式"。渐渐地，你习惯于日常的冲动和反应，不再控制它们，反而被它们所控制。一个人只有懂得适时开启"自我觉察模式"，才能够有意识地发现问题，纠正错误，改变惯常的反应模式，进而让自己发生蜕变。

每个人都有自我觉察的意识，但是自我觉察是分层次的。自我觉察层次越高的人，越能了解自己、看清自己，从而可以摆脱迷茫，变得从容。

自我觉察的第一层：觉察到自己在做什么

生活中充满了各种问题：在亲密关系里挣扎、孤独无助感常常来袭、感到无能为力什么都做不了、糟糕的工作和财务状况……

当面对这些问题时，为了避免痛苦，你会习惯于将注意力转移到其他地方——无止境地刷手机、刷电视剧，借助于电影、游戏进入一个没有痛苦的虚拟世界，让一切看起来轻松、愉悦。

分心并没有错，每个人在遇到痛苦时都需要某种焦点转移，以使自己保持理智和快乐，但关键是要有能力觉察到自己分心。换句话说，你需要觉察到自己在做什么，清楚到底这是你主动选择分散注意力，还是毫无意识地进入了"自动导航模式"。

很多人毫无意识地淹没在注意力分散的海洋里。我有时候特别爱看微博热搜，一旦在工作中遇到难题，或者在写作时下不了笔，就会不由自主地拿起手机，打开微博，看一看最近发生了什么"大事"，不知不觉一二十分钟就过去了。

有研究表明，大多数人每天的实际工作时间大约为 3 小时，其余的时间都只是在瞎忙。对此我深信不疑，如果你花一天时间去观察自己的生活，就会发现，自己总是不自觉地在做一些琐事，你的无意识行为多到让人难以置信的地步。

觉察到自己在做什么，并不是要停止做正在做的事情，而仅仅是为了增强对无意识行为的认识和控制。如果你的大脑觉察到了疲惫，想要放松，那么你可以毫无负担地去娱乐，因为你非常清楚自己正在做什么，以及为什么要做。

这就是自我觉察的第一层，你可以借此了解自己有什么样的思维模式和行为模式。只有当觉察到了自己在做什么时，你才会进一步思考正在做的事情到底值不值得做，应该如何做得更好，从而跳出"自动导航模式"，让自己真正去做那些对人生有意义、有价值的事情。

自我觉察的第二层：觉察到自己的感受

当看这篇文章时，你有什么感受呢？你能清晰地感知到自己的情绪吗？是快乐、激动，还是愤怒、郁闷？

大多数人能够敏锐地感知他人的情绪，却很难觉察到自己的感受。人们通常会发现，越能觉察到自己当下在做什么，越会有意识地屏蔽干扰和分心，就越容易感知到行为模式之下隐藏的许多情绪和感受。

如果你初次尝试冥想，就会发现自己像一个瓶子，里面盛满了各种各样从未触及的念头。它们在你的大脑里肆意翻滚，让你心绪不宁，专注力涣散。

自我觉察的第二层是你能够真正开始发现"我是谁"的地方。因为只有你的自我觉察到了这一层，你才会知道在面临生活困境的时候，你的实际感受是怎样的，而这些实际感受常常被隐藏于心底很多年。你的感受正是你了解自己、找到自己的快捷通道。

在现实中，很多人只活在自我觉察的第一层，浮于生活的表面——他们按照别人的指示做事，对自己所做的事情有感知却仅止于此。更关键的是，他们从来不会深究掩藏于人、事、物背后的情绪和反应，常常迷失在其中。

自我觉察的第二层是让人极不舒服的地方。一个人通常要在自我觉察的第二层上花费数年的时间，才能接纳和消解所有的情绪。这需要坚毅，也需要勇气。

一旦一个人从习以为常的环境中离开，就会开始意识到从未感知到的情绪。很多人一生都迷失在自己所做的事情和所压抑的情绪里，无法觉察到自己的真实感受，更没有勇气去接纳和释放自己的情绪，所以终其一生，被情绪所控制，无法打破生活的僵局。

任何一种感受，都蕴含着巨大的能量。你首先要觉察到它，才能有机会去接受它，转化它，释放它，让它成为你认识自己、了解自己的助推器。

自我觉察的第三层：觉察到自己的盲点

你越了解自己的情绪和欲望，就越会发现自己不完美。你的大部分的思想、观念和行为往往都受制于当下的感受。如果你当下很不开心，那根本就不可能有心思做事情，只会像推磨的毛驴一样在原地打转。

很多人都喜欢把自己视为独立的思想家，认为自己会根据事实和证据进行推理，但事实上，在大部分时间都在为内心的信念辩护。

之所以会这样，是因为下面这些原因：

- 你的记忆并不可靠，而且常常是错误的，尤其是记住在特定的时间和地点的感觉时。
- 你常常高估自己：一般来说，你做某事的能力越差，越会认为做得好，反之也成立。
- 在矛盾的证据面前，你更倾向于坚持自己所处的立场，而不是质疑自己的想法。
- 你更愿意把注意力集中在与你的信念相吻合的事物上。
- 面对问题，很多人都喜欢逃避现实，甚至自欺欺人。

这就是人性中的盲点——你常常戴着有色眼镜，过滤掉那些和自己信念不符的事实，只看到符合自己想法的世界。

我有个朋友，总是感觉别人不喜欢她。后来通过梳理和分析，我发现她在与别人相处的过程中有以下表现：

- 做出让别人不喜欢她的行为。比如，经常迟到，明明知道这样会让对方不高兴还是控制不住。
- 对他人有一些隐含的期待。比如，她发微信消息给朋友，如果没有及时得到回复，就会生气。
- 她会对别人对她的不喜欢，感到受伤和愤怒。

她的迟到、生气都是对别人暗暗的攻击，对别人令自己失望的惩罚。没有人会喜欢一个对自己生闷气的人，也没有人喜欢被惩罚，所以别人就会疏远她，不喜欢她，而这又进一步验证了她的认知：我是不讨人喜欢的人，别人是不会喜欢我的。

对别人有过高的期待→别人令她失望→她感到受伤、生气或愤怒→对方感受到攻击→不喜欢她，疏远她→她验证了自己不被喜欢的信念→进一步对别人失望……

这一切环环相扣，形成了非常完美的剧本，不断地在她的生活里上演。她只有觉察到她的信念里的盲点和弱点，才有可能打破信念的束缚，进而改写自己人生的剧本。

在漫长的人生里，你只有通过觉察到自己的盲点来优化自己看问题和做事情的方式，才能在生活里慢慢进化成自己想要的样子。这条路很难走，但却值得你走下去。

如何提升自我觉察的层次

每个人或多或少都具备自我觉察的能力，但是要想让自己在日常生活里变得更加有自我意识，要想通过不断提升自我觉察的层次来进化成一个从容淡定的智者，那么可以尝试做以下这些事情。

1. 练习冥想

冥想是一种锻炼自我觉察能力的方法，在实践过程中，你会专注地、带有觉知地观察你的思想、身体和环境正在发生的变化。

你必须专注于此时此刻的想法和感受，然后必须弄清楚这些想法和感受：它们在你的身体的何处出现？是温暖的，还是寒冷的？是紧绷的，还是放松的？是令人兴奋的，还是让人恐惧的？等等。

在《保持情绪稳定，做生活的主人》一章中已经提及了如何冥想，这里想要强调的是，冥想并不是目的，它只是教会你如何更清楚地了解自己的想法和感受，而最终的目的是把从冥想中锻炼出的自我觉察的技能应用于日常生活中，让你更加清晰地看到当下发生了什么，在任何时刻都保持觉知。

2. 记录生活

写日记，写博客，在笔记本上随意写自己的感受，无论你选择哪种方式，写作都像另一种激发大脑敏锐性的冥想方式。因为写作可以迫使你集中精神，并且清楚地内观自己的想法和感受。

正如弗兰纳里·奥康纳所说："我之所以写，是因为我直到读了自己的文字，才知道我的真实想法。"你不必像作家那样追求文字的美感，在纸上整理思想的简单动作通常足以使你更加清楚自己的想法和感受。

有时候，读者会在微信公众号后台给我发消息寻求建议。我很好奇到底有多少人愿意通过文字把自己遇到的问题描述清楚。一个人必须先想清楚自己的问题，然后才能将其整理成文字，进而真正地面对问题，解决问题。

当你有意识地记录时，你的自我觉察意识就在不断提高。

3. 获得他人的真诚反馈

让你完全信任的人指出你的盲点，是提高自我意识的一种非常有力的方法，但也可能让你非常痛苦。

不识庐山真面目，只缘身在此山中。别人往往会比你更容易看清楚你自己，尤其是你的亲密的朋友和家人，但你要以一种简单而安全的方式问他们，否则很容易引发争执和矛盾。

最重要的是在让别人对你真诚反馈的时候，你要保持一种谦卑和接纳的状态。这种状态体现在以下两个方面。

● 信任他会告诉你真相。
● 当他们说出实话的时候，不要感到自己被攻击了。

每个人都有一些不愉快的经历，心里都有"恶魔"，都做过傻事，都曾经伤害过别人。我们都不是完美的人，但人生中更重要的是我们开始通过他人的视角意识到自己的问题和缺陷。如果你还没有准备好让某人对这些事情进行判断，那么请着重于冥想和写作。

其实，自我觉察的最终目的是自我接纳。在自我觉察的过程中，你看到了自己的负面情绪，看到了自己的错误的思维模式，看到了自己的问题和缺陷。所有的自我觉察都让你看到了一个不那么完美，甚至非常糟糕的自己。

如果你因此讨厌自己，感觉自己无知、龌龊和丑陋，那么你的觉醒之路还没有走完。你需要接纳自己，突破自己，只有这样，自我觉察的付出才不会白白浪费。

柏拉图说，所有的邪恶都源于无知。那些最邪恶、最卑鄙的人之所以邪恶和卑鄙并不是因为他们有缺陷，而是因为他们拒绝承认自己有缺陷，甚至没有意识到自己的问题。自我意识使你有机会接纳自己，一旦你觉察和意识到了自己某个不好的行为、某种糟糕的感受，或者某个人性中的盲点，就已经给那些阴暗的角落带去了光明。这时，你的自我探索之旅才刚刚开始。

自我觉察的过程并不能使每个人都更快乐，可能会让一些人更加痛苦。但是，在做好自我觉察之后，如果你愿意修正错误的行为模式，释放内在情绪，摆脱不合理信念的束缚，就会慢慢地走出人生中的至暗时刻，接纳一个全新的自己。

敢于自我觉察的人，都有很多裂痕，但是那些裂痕，正是光照进来的地方。

别太把自己当回事，
要把自己做的事当回事

如何做成一件事？这是很多人会问的问题，我也一直在探寻这个问题的答案。

要做成一件事，大多数人会认为需要做事的人有眼光，有魄力，有能力，有资源，还要懂得坚持。这些都对，但都没有触及这个问题的根本。因为在上面这些解释中有一种很明确的假设，就是"我"很重要，因为有了"我"，这件事才能做成。

很多人会把自己看得很重，太把自己当回事。事实上，要做成一件事，首先因为这件事是一件对的事。因为这是一件对的事，所以即使不是由你来做，也会由别人来做，而你只是恰巧在某个时间、某个情境碰到了这个做事的机会，只是做成这件事的"工具"。

你要想把这件事做成，就不需要把自己当回事，而需要把自己这个工具打磨到极致，让这件事本身引领你去把它做成。在事成之后，你收获的财富、成就，只是把这件事当回事的副产品。当不太把自己当回事时，你的心力不会过多地耗费在小我的自我保护、自我防卫上，你反而更能够恰如其分地专注于该做的事上。

只有不太把自己当回事，才能把要做的事当回事

在很多人的潜意识里，往往都很容易把周围发生的一切与自己关联起来。你遇到的一切都以某种方式牵扯着你——今天堵车了，你会很郁闷；公司的业绩很好，你会很兴奋；微博上有争议，你会很生气。结果，你执着于固有的偏见，仅仅是因为某件事让你有某种感觉，仅仅是因为你太在乎某件事，然后就假定发生在身边的所有事都与你密切相关。

可是事实上，它们与你没有太大关系，只是你自己的内心戏太多了。你之所以太把自己当回事，不仅是因为你自然地屈从于大脑的想法和情绪，还因为你总喜欢把身边发生的好事与自己联系起来，这会让你感觉良好，感觉自己是"天选之人"。可是，太把自己当回事的另一面，是你必须将生活中所有不好的人、事、物都解释为与你有关，而这将给你带来并不美好的体验。

当一切都好起来时，你感觉自己是宇宙的中心，在任何时候都应该受到承认和称赞；当情况变坏时，你就自认为是受害者，觉得受了委屈，应该得到更好的待遇。结果，你置身于自尊的过山车上，自我价值上下浮动，这样的你总是很容易被现实的变化所撕扯。

对于太把自己当回事，我很有发言权。当与朋友和同事讨论问题时，我总是急于表达自己的观点，而不愿意聆听别人的想法，以一种高姿态来标榜自己的与众不同，以至于很多时候没有解决问题，反倒增添了几分争执和不解。当开始写作，开始画画时，我就很自然地把自己太当回事，不断地享受着很多人的称赞，以至于有一段时间，对别人的负面反馈和善意提醒难以接受。

现在回过头来看，太把自己当回事，不过就是一种哗众取宠、自以为是的可笑之举。我们总是贪图在一些表面功夫上的虚幻成就感，却遗忘了真正的价值从来都不在于外在的装腔作势。

这种太把自己当回事的感觉，会让你变成一个非常情绪化的人，内耗严重，极不自洽。做某件事失败，并不意味着你作为一个人就是失败的，仅仅意味着你碰巧在做这件事上失败了。人们批评或拒绝你，往往并不全是你的问题，他们的价值观、生活状况让他们不赞同你，但这些都与你无关。事实上，其他人根本不会太多地考虑你，你并没有你想象中那么重要。

不把自己当回事，并不是放任不自重，而是知轻重，明深浅。哪些重要、哪些无用，在心里一清二楚。不把自己当回事的人，不虚张声势，不讨好他人，不浪费精力，也不受环境影响，是那种"但行好事，莫问前程"的人。所以，你要承认自己只是一个普通人，要认识到这个世界并不是以你为中心的，要学会谦卑地做事。因为只有内心足够强大、懂得自我安置的人，才能够低姿态地为人，自由开放地处事，进而赢得别人的尊重和赞赏。

处于把事做好的状态

一个人要想做好一件事，往往都有一个前提条件，就是先要让自己进入把事做好的状态，然后才能真正地把事做好。你可以观察周围那些有所成就的人，他们一旦发现有什么事要做，就可以挽起袖子立马开干，而不像很多人那样磨磨蹭蹭，明日复明日。所以，一个能成事的人，首先要能让自己处于把事做好的状态。

那"把事做好"的状态到底是什么样的呢？

国家博物馆讲解员河森堡说，他在给别人讲解时有这样一种切身体会——如果一周之内他每天都讲，连续讲两周，说话就特别利索，在第一句话刚说出口时，第三句话在大脑里就已经准备好了，而且他总能在记忆里搜索到最贴切的词汇，表达得既流畅又精准。如果他连续两周不做这种高强度的讲解，就会很明显地感到表达能力差了，说话语无伦次，虽然有的词汇就在嘴边，但就是想不起来，有时候比画半天手势愣说不出一句完整的话，急得不行。

前面这种"流畅顺遂"的状态，其实就是"把事做好"的状态——在这样的一种状态里，你是一个非常敏感的人，总能调动所有感官去专注眼下正在做的事。

"把事做好"的状态的一个非常重要的特征就是心无杂念——你的思维井然有序，所有的念头只与当下的事相关，相互支持，就像一条充满能量的河流，徐徐流淌。这种状态就是活在了当下，临在此时、此地、此事，达到一种"无念无我"的状态。一个人在处于这种"无念无我"的良好状态时，就能够充分发挥潜能，拥有最佳表现，最终自然而然地把该做好的事做好。

我过去写文章，思绪总会被各种执念所打乱——我写的文章有没有成为爆款的潜质？能不能让我在读者心目中的形象更好？能不能吸引更多的人关注我？我的思考是不是足够深入，让别人难以企及？这些都是我的期待，我带着满满的杂念去写一篇文章，太把自己当回事，结果就是我在下笔时小心翼翼，时间在纠结和焦虑中流逝，原本想说的话被一遍一遍地修饰，最后变得面目全非。

其实，不管是在科研、体育、艺术、工业领域，还是在互联网领域，如果你仔细观察，就能发现那些真正让人惊艳的成就，往往都是在一种良好的"无念无我"状态的惯性之上达到的。平时这个人并不起眼，你可能根本就没有注意到他，但其实他一直在努力地做事，一直保持着一种把事做好的状态，在一件事上下功夫已然成了他的一种生活方式。突然某一天，可能是因为他遇到了某个机遇，也可能是因为他的大脑中灵光乍现，有了一个新的想法，然后他就到达了一个新的层次，在所做的事上有了质的飞跃。这时，你看到了他做成事之后的夺目光彩，却从未觉察到他一直蛰伏于那种把事做好的状态里。

所以，我觉得无论做什么，都不要急于想要做出成绩，应该先想一想，如何做到不把自己当回事，如何让自己真正处于把事做好的状态，并且能够一直稳定地处在那个状态。因为说不定哪一天，或是好运落在你的头上，或是灵光一闪，你一下子就突破了原有的圈层，事做成了，成就也就有了。

顿悟、偶然的好运，都可遇不可求，等待是唯一的办法。当那一瞬间真正来临时，也只有持久的勤勉所累积而成的那种把事做好的"无念无我"的状态，才能真正接住它。本质上，把事做好的状态其实就是在生命中臣服于当下的等待姿势。在这种状态中，你没有太多自我的念头，没有太多功利性的目的，只是临于当下把握机会，把真正重要的事做好。

只有臣服于当下，你才能把事做好

当进入"无念无我"的做事状态时，你其实就是臣服于当下，把所有专注力投入到正在做的事上。

我曾听别人说过这样一段话："你去找它，你去谈论它，你想获得它，是得不到的。反而，你不去找它，你不去思考如何得到它，你就得'道'了。"

一位老师给我讲过这样一件事。有个人向他请教一个问题："我的人际关系很简单、朋友不多怎么办？"这位老师看了看他，说："看来你很在意人际关系，人际关系简单是问题吗？你的人际关系越简单，你就越有时间与自己独处，而这种独处的能力往往会让你把焦点放在自己的身上，而不是投身于那些看起来喧闹繁杂的人际关系经营上。人其实有三四个好友就已经很难得了，人际关系一定要复杂一些吗？"

这个人听过之后，就不再纠结于这个问题，而是把精力放在自己的成长上，沟通能力和工作能力都变得越来越强。因为自身优秀，他自然而然地受到领导和周围人的重视，很多人反而会主动与他交流，跟他搭建新的人际关系。

他不把自己当回事，臣服于当下的问题，把问题本身"消解"了，解决这个问题才变得如此简单。

其实，当一个人全心全意地投身于当下，把自己置之度外时，他就很容易进入心理学家所说的心流体验中。在心流体验中，他可以掌控自我的意识，重塑内心的秩序，进入忘我的境界，收获幸福感和成就感。

在现实中，很多人都无法臣服于当下，要么在工作时想着休假，要么在休息时想着赚钱，思绪总是游走在未来和过去。可是，过去是你此时此刻的回忆，未来是你此时此刻的想象，在你的心中，更重要的是当下，只有当下是你能够把握的，是你可以调动自己的智慧、技能、身心去付诸践行的。很多人都有这样的思维方式——如果过去怎么样就好了，如果以后怎么样就好了。但他们唯独没有专注于此时、此地、此事，无法进入"无念无我"的做事状态。

臣服于当下，就是要放下内心的执念——面对目标和理想，你要做的不是天天期待着它哪天会实现，执着于应该如何，必须怎样，而是摒弃内心的执念和期待，让自己全力投入当下，去做该做的事，然后一步一步地把自己可以做好的事做好，而对于那些自我的功利性和外界你无法控制的事，则放任自流，随它去。

当把"我执"从心里移除时，你的大脑反而能够安静下来，你会将更多的精力投入当下。在大脑清明之后，那些难得一遇的灵感和思绪反而会自然而然地从你的内心里流淌出来，变化成你把事做好的利器。

在日常生活中，你可以用"正念"这个工具来做到臣服于当下。在后面的章节中，我会专门介绍如何通过正念来长期专注地做一件事。最终，你将有觉知、有意识地觉察当下的一切，同时又对当下的一切不做任何判断、评价，只是单纯地让自己处于"无念无我"的状态。

"无我"之后，就是"无为"

只有臣服于当下，才能进入"无念无我"的状态。

很多人对于臣服和放下有一种错误的认知，认为那是一种怯懦、认命的表现。事实恰恰相反，臣服于当下需要一个人付出所有力量，让自己足够勇敢，坦然地面对这个真实的世界。臣服是一种生命存在的状态，让你一直活在当下，不让个人的偏爱好恶引导生活方向，而是主动允许自己的生活被一个强有力的力量（生活本身）引导。只要臣服于生活，你就可以坦然地面对自己，正视自己的欲望和喜好，不执着于个人的偏见，从而可以在当下的体验中获得平静和自洽。

几年前，因为一些问题我写的第一本书迟迟未能出版，我很郁闷，也很气愤，内心中不断地有各种想法冒出来：别人的书早就出版了，我是不是落后于他人？错过了好的时间节点，这本书会有好的销量吗？一而再、再而三地让读者失望，他们还会关注我吗？焦虑和恐惧让我进入了一种"我执"的状态。我想要操控这一切，想要一切如我所愿。这时，我就没有臣服于当下，被自己大脑里的各种念头牵绊着，无法做出选择。当觉察到太把自己当回事，太执着于一个有利于自己的结果时，我决定放下大脑里的各种评判，调整状态去与出版公司沟通。

在放下"我执"之后，我就从"无我"进入"无为"。所谓"无为"，并不是不去做任何事，等待着事自己变好。在《臣服实验》这本书中，作者迈克·A.辛格对"无为"有一种解释：没有要做的决定，有的是你和你面前的事的交互。我之所以认为我要去做决定，是因为我有欲望和恐惧。唯一能帮我的是放下、释怀。如果我能放下自己的欲望和恐惧，就没有什么决定需要做，剩下的只是生活本身。

所以，在臣服于当下，放下内心的各种执念和评判之后，我找回了内心的平静。我更愿意把出书这件事看作一件对的事，做成它靠的不是我一个人的能力，而是所有认同这本书价值的人共同的信任和努力。所以，我试着去做到"无念无我"，臣服于当下，接受现实，把自己当作做成这件事的工具。这时，我才能真正放下内心的欲望和恐惧，感知他人对这件事的态度，试着与他人重新建立信任，然后一起尽力做成这件事。我相信，"无我"之后的"无为"，是未来做成这件事的深层次的原因之一。

当不再需要吸引任何东西时，你原来需要的人、事、物，反而会需要你。比如，有才华、有能力的导演，不再需要证明自己，不再需要拓展人脉，积累资源，那些电影投资人和资金、剧本等各种资源反而会自然地都涌向他。

　　不把自己当回事也是一样的道理，当你不把自己当回事，而把自己要做的事当回事时，别人反而会把你当回事。当不把自己当回事，而把当下该做的事当回事时，你才有机会放下内心的恐惧、焦虑，自洽于此时此刻，真正地把事做成。

生活给什么都能接得住的人，才能获得自由

焦虑可能是一种人生常态

在这个快节奏的时代，焦虑可能是无法避免的。

未来的不可知和过去的不可变，让很多人都常常处于焦虑担忧的境地，与内心的宁静越来越远，也让人们很容易进入一个持续焦虑的恶性循环而不自知，想要挣扎，却越陷越深。

焦虑可能就是人生常态，因为不确定性就是这个世界的本质。你无法预测未来的变化，就像在股票市场上很多人想要预测股票的涨跌起伏，结果追涨杀跌耗费心力。你的焦虑在很多时候来自内心想要追求的虚无缥缈的确定性，你给自己计算了一个确定的

期望值，然后就期待这个世界能同时给出与期望值相契合的反馈，可是一旦事与愿违，你的内心就会滋生焦虑、恐惧和担忧。

哲学家庄子有一个很经典的论述："事若不成，则必有人道之患；事若成，则必有阴阳之患。若成若不成而后无患者，唯有德者能之。"这就是说，当事情做不成时，会有显而易见的麻烦摆在你的面前；在事情做成了之后，你又会面对一种更加复杂的新的生活场景，又会遇到新的问题和麻烦。

事情都是依照它们自己的方式发生着，所有重要的事情都无法被你操控。它们超越你的掌控，你顶多只能敞开大门，让事情发生，但没办法迫使它们发生。这其实就是这个世界的自然规律，很多重要的事情的发生都是意外，往往超越了你的预期。

如果你细心地观察这个世界，就会发现有两种类型的人。一种是消极的乐观主义者，另一种是积极的悲观主义者。

消极的乐观主义者思考的问题常常是"要是怎么样就好了"。他们总是相信只要达到了他们的预期，问题和麻烦就消除了，然后就可以一劳永逸地享受这个世界的美好。积极的悲观主义者则认为，在这个世界里，问题总是层出不穷的，麻烦总是来去不绝的，而生活就是一个升级打怪的过程。他们不会期待生活都按照既定的轨道运转，而是积极地面对发生的事情、出现的问题，然后安于当下，做自己能做的事情。

你要像积极的悲观主义者那样，随着变化自发地调整，维持内心的平稳。当感觉很丧、很焦虑时，你首先要做的是接受自己现在的状态，与焦虑共处。工作上有了新的挑战，没关系，你先接受这个无法改变的现实，而不是一味地想象着自己无从应对的各种失败场景。在生活中发生了变故也一样，你要先认清那些已经发生且不能改变的事实，而不能在内心抗拒这些外在的变化，总想通过控制外界的变化来化解内心的恐惧。

焦虑可能无处不在，就像你不知道疫情何时结束、何时又再起波澜一样。既然焦虑很难避免，你就要拥抱这个世界的不确定性，认清人生的重心，及时微调自己的状态，重新找回内心的动态平衡，这样才能让自己每时每刻都更加宁静和自由。

当真正地做到与焦虑和平共处时，心态上最大的变化就是，不管发生什么，你都可以看得开、接得住，用平常心去面对。以前，如果在生活和工作中发生了不符合我的预期的事情，我往往会很愤怒，心绪不宁，心里的独白常常是："为什么在我的身上会发生这种事？你凭什么这么做？好烦啊，为什么总是不如愿？我该怎么办？"在这样的心境下，我要先经历一次抗拒现实和抱怨现状的内耗，然后急匆匆不多思考地想要立马解决当下的问题。这种心理上的急切与现实难题兵戎相见，拉锯战持续的时间越久，我就越会深陷其中，无法跳出来看到真正的问题。

有一次，同事安排了一个会议。这个会议的时间与我们团队的周会时间有冲突。我是一个急性子的人，如果在以前，我会觉得很不舒服、很不爽，会去质问他，要求他变更那个会议的时间，因为我们团队的周会是在这之前就安排好的，怎么能够不经过我同意随意插进来呢？我觉得我很有理，所以他必须改。

但是现在我更加淡定，没有像过去那样火急火燎地把变化当作灾难，而是先明确了自己的想法——不管最后他改不改我都可以接受，但是我很明确我们团队的会议不会受到他的会议的影响。我接受他的会议安排，不纠结，但是很明确地告诉他，因为会议冲突，所以我们团队无法参加他的会议，可以看他录制的会议视频。当我接受并且愿意接住生活给我的任何安排时，总会出现一些让人意想不到的事情。过了十分钟，那位同事跑来对我说，他可以把会议改到别的时间开。

这的确是很平常的小事，但是我却从中发现了生活的秘密——我越从容淡定地接住生活抛给我的问题，就越能获得对我而言真正好的结果，即使没有立刻显现出好结果，至少当下的我也不会因此而受影响。

当面对生活抛给我的问题时，我过去的态度是——我是对的，生活是错的，要按照我想要的来，不然我就不爽，就不接受！我现在的态度是——我不一定是对的，不用抗拒现实，只需要面对真相，然后从自己的身上找解决方案，任何情况我都可以接受。

当愿意接受并接住生活抛给你的任何问题时，你才有可能看到生活的真相。因为这时的你，不被任何情绪左右，不再戴着固有认知的有色眼镜看待周围的世界。

世事并不总会如你所愿，但是其中有一部分是你可以改变的，那就是你对现实完全接受的态度。当愿意接受发生的任何事情时，你就不会再生出贪、嗔、痴，不会被各种妄念搅得心绪不宁。相反，你的心灵会达到宁静安稳的境界，内心平静，思路清晰。也只有内心的宁静，才能够让你临于当下，做好此刻最该做好的事情，不恋过往，不畏将来。

那些生活给什么都接得住的人，其实在随着生活之流顺流而下。他们不抗拒，不纠结，反而打开了人生自由的大门。在这个世界中没有什么是过不去的，其中的关键都在于你，在于你面对这个世界的态度。你越能接住生活抛出的问题，越能接受所有的可能性，就越有机会获得平静和自由。

应对人生焦虑的实用指南

焦虑这么多，不如立马去做

当处于焦虑的状态时，一个人做得最多的事情，是在大脑里出现各种让自己恐惧的剧情。你是不是有过这样的经历？当在工作中面对一件有挑战性的事情时，你不仅不想做，而且大脑里总是有各种声音出现：

- 这件事情太难做了，我肯定做不好。
- 如果做不好怎么办？会不会被老板骂？
- 我该怎么办？是不是要换份工作了？
- ……

你往往不是想得太少，而是想得太多。你总是不太愿意把想象力用在真正重要的地方，反而在真正要去做一件事情时想象力过于丰富，以至于杂念的发挥空间突然就大了许多，各种人设、场景、台词一一登场，在大脑里此起彼伏，一个人同时担任了主角、配角、编剧、导演，内心戏多到可以拍出一部电影。

时间从来不去理会你在想什么，只会自顾自地流逝、消失。在内心挣扎一番后，你会发现自己什么事都没做成，反而平添了几分焦躁和烦闷。

焦虑已然成了生活的一部分，但是焦虑并非一无是处。焦虑的本质就是内心的恐惧。焦虑是对恐惧的想象，因为是你的臆想，所以你无从逃避。焦虑是一种持续性的恐惧，会一直浮现在你的大脑里。当无止境地想象自己过去有多糟糕，未来有多绝望时，你当然会越想越怕。

恐惧具有两面性。一方面，它可能让你望而却步；另一方面，它也可能是一种动力，甚至比愉悦的动力更强大。

1908 年，心理学家叶克斯和道森通过动物实验发现，个体智力活动效率和个体焦虑水平之间存在着一定的函数对应关系，表现为一种"倒 U 形"曲线。

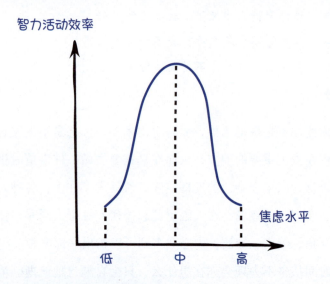

换言之，当工作难度增加时，个体的焦虑水平会增加，进而带动个体积极性、主动性及克服困难的意志力增强，此时，智力活动效率增加；当焦虑水平为中等时，能力发挥的智力活动效率最高；当焦虑水平超过了一定的限度时，过强的焦虑会造成个体的心理负担，进而对能力的发挥产生阻碍作用，使智力活动效率降低。所以，适当的焦虑可以激发你应对外界的主观能动性。

当对一件事情感到焦虑时，你就要立刻行动起来，给自己一点儿时间思考如何做，然后不要犹豫，不要拖延，立刻按照思考出的办法执行。当你真正开始行动时，你的所有注意力都会放在行动上，而不是大脑里想象出来的各种剧情上。这时，行动中的你不会再胡思乱想，内心反而平静了，焦虑感就会明显下降。当遇到工作中的难题时，你不要去想自己很笨，而要明确当前真正的问题到底是什么；当遇到生活中的变化时，你不要担心接下来自己会变得多惨，而要开始了解这个变化背后的原因是什么，你可以采取什么样的行动。

你不妨把生活中无处不在的焦虑当成一种危机感，培养即刻行动的能力。比如，从现在开始，停止胡思乱想，立刻坐到书桌前，打开笔记本，写下今天要完成的事情，然后一件一件地去完成它们。这种通过实实在在地完成一件件事情所积累起来的成就感，足以对抗你对未来的焦虑和恐惧。想到、看到、学到、说到、做到，是一个很长的链条，其中的每一环都可能脱节。所以，你要试着列一个清单，囊括那些每天都需要做的事情，然后日日为之。

沉浸于当下所做的事情中

有一段时间我特别愁开早会，因为在早会上要向老板汇报团队的情况，这让我挺焦虑、挺紧张。

我的焦虑来自担心自己团队的产出没有达到老板的预期，担心别的团队的工作做得比我们的好，担心自己在早会上表现不好，反正就是内心戏非常多。这样的焦虑持续了几周之后，我开始反思，我真的有必要这样紧张吗？工作没做好不正好揭示了我们团队的问题吗？这不正好给了我一个改进的机会吗？基本上在每次开完会后，我都还好好地活着，老板也没有骂过我，我们团队的工作也没有受到质疑，我为什么要一直这么紧张呢？

渐渐地，我意识到，与其焦虑各种可能出现的状况，不如投入会议中认真地聆听其他团队的工作汇报，了解别人在做的事情，并且学习别人的新方法和新技能，自信地表达自己的想法，把团队的工作阐述清楚，即使被质疑也积极面对，承认自己的不足。

当完全沉浸于当下所做的事情中时，你根本就不会焦虑。因为这时的你处于心流的状态，会全神贯注于所做的事情上，不会理会内心中那些嘈杂的声音。那些真正做成过什么事的人，很少纠结能不能做成，很少担心会遇到什么问题。他们其实并不比你聪明多少，也不比你更有经验，但他们唯一的厉害之处就是，能够毫不费力地进入心无旁骛的状态，然后心安理得地把事做好。

向内看，而不向外求

一个人处理焦虑最直接的方式，就是去外面寻找摆脱焦虑的方法。比如，你在公司工作得不开心，每天要做的事情又多又难，同事总是为难你，让你整日焦头烂额。这时，你的第一想法往往是，是不是该换份工作了？这时，你其实希望通过改变工作环境来消除内心的焦虑，在向外求。

当面对焦虑时，你最应该做的是向内看，因为焦虑的根源是内心对外界的反馈。

生活里的问题会不停地冒出来，在做一线员工时，你会遇到工作不会做的问题；当升为经理时，你不再会因为工作不会做而焦虑，但是会遇到新的问题，比如管理不到位。说到底，你永远摆脱不了层出不穷的问题，但是如果你向内看，就能直面内心的焦虑，进而与焦虑和解。

在《清醒地活：超越自我的生命之旅》这本书中，作者迈克尔·辛格提出了一个有趣的见解：当一个问题让你焦虑时，你不要问"该怎么办"，而要问"我内心的哪一个部分让我感受到了焦虑？"因为如果你问"该怎么办"，就是在向外求，意味着你已经开始相信外界确实存在一个必须解决的问题。如果你想要在各种问题面前保持平静的心态，就必须弄清楚为什么会把某种特定的情况视为一个问题。这时，你在向内看，在打破一种思维习惯，即那种认为解决问题的办法在于重新安排外部事物的思维习惯。

真正能够让你解决问题，放下焦虑的是你从"外部方案意识"到"内部方案意识"的转变。因为你只有向内看，才会让内心处于平静的状态，才能从当下夸张的焦虑剧情中抽离出来，换一个角度来看这个世界。

当经济大环境不太好时，很多人担心自己被裁员，非常焦虑，想要通过外在表现和讨好老板的方式让自己感觉好一点儿，但真正能消除焦虑的是从自身着眼，提升自己的核心竞争力。向内看，你往往可以找到解决根源问题的方法。

人生中焦虑的时刻很多，你无法控制生活的不确定性，但却能通过下面的人生策略让内心回归平静：

（1）与其焦虑，不如积极地采取行动。

（2）让自己沉浸于当下所做的事情中，获得心流体验。

（3）向内看，反省自身，而不向外求，企图改变外界。

焦虑是没有办法通过逃避而消除的，所以你唯一可以做的就是拥抱它，欢迎它，直面这种恐惧，让它成为一股人生跃迁的强大的动力。每个人都可以通过不断地成长，坦然地面对人生的无常，就像冲浪者一样，当合适的海浪打过来时，不是躲避它往后退，而是俯卧在冲浪板上顺着海浪的方向划水，而当海浪推动冲浪板滑动时，就可以顺势而为，站在浪尖，乘风破浪。

人生的松弛感

最后，我想要谈一谈人生的松弛感。

让我们一起来看一看这样一个故事：一家四口去旅行，其中一个小孩的证件过期了，妈妈和这个小孩没办法登机，并且所有的行李都是挂在这个妈妈名下托运的。因为妈妈没有登机，所以行李都被退回来了，现在只剩下爸爸和另一个小孩坐上了飞机，他们相当于只带了身份证去旅行。面对这样的状况，我想大多数人都会生气、懊恼、崩溃吧，毕竟从小到大，我们都习惯了掌控生活。任何计划被打乱，没有按照原本的想象进行，我们都会表现出失望和恐慌。

但是如果这是一个有松弛感的家庭，事情的发展就可以是这样的：面对小孩证件过期的突发情况，这个家庭没有放大这件事情对行程的影响。他们很从容地应对当下，非常轻松地接受这个突如其来的变故，任其发展，好像这一切的发生本应如此，不需要气愤。爸爸继续带着小孩去旅行，然后决定在当地买一些生活必需品，而妈妈则带着另一个小孩回家，没有太多纠结。

什么是人生的松弛感呢？人生的松弛感就是面对世界的任何变化和不如意都完全接受的状态。人生的松弛感，不是摆烂，不是无所谓，而是与世界的变化和解，与自己的执念和解，不浪费心力与它纠缠，潇洒转身，继续轻松地迎接人生的下一站。所以，你要转变思路，来到这个世界是来玩的，不设预期，不过多地计划，而是随着变化调整自己，用心体验生活，不急躁地顺着生命之流而下。

以工作为例，工作重要吗？当然重要，但是更重要的是开心地工作，所以你不用过度在意别人怎么看你，不用担心能不能升职加薪，不用过度思考怎样才能脱颖而出。你真正要做的是追求那种人生的松弛感，让自己用一个放松的心态去工作，不用跟别人比较，不用纠缠于当下的不顺，不用计较付出和回报，而是投入当下真正该做的事情中。很神奇的是，在你的心态彻底转变之后，一切开始变得顺利起来，你在工作中游刃有余，成就感暴增，跟你对着干的同事也不常出现在你的面前，连老板对你也开始赞赏有加，认可度提升。这些都是我的亲身体验。当松弛时，你就没有太多得失心，也没有太多的焦虑内耗，会把所有的能量都集中在实现最需要实现的价值上。

人生的松弛感太难得了，它来自你对自我的认可，对世界的不期待，以及对人生的负责。其底层逻辑可能就是"爱谁谁，爱怎样怎样，我只要能自洽通透地过好自己的人生就好!"

要想追求人生的松弛感，你就需要建立"成长型思维"和"体验者思维"。"成长型思维"让你在面对过去的事情时认识到自己的不足，看到自身改进的契机，进而不断迭代和精进自己。"体验者思维"则让你在面对未来的生活时，不抱期待，不设预期，抱有更多的好奇和探索欲，让自己沉浸在那些该做的事情中。

回归到自身，为了获得人生的松弛感，你需要了解自己，探索自己。只有了解自己的人，才会真正地接纳自己，获得人生的松弛感。

如果你真正观察过那些具有松弛感的人，就会发现他们都很清楚自己要什么，很清楚什么对自己最重要。当接纳自己真实的样子时，他们就可以不惧外界的评判而真实地表达自己，所以你总是可以看到他们呈现给你的淡定从容和"爱谁谁"的坦然。如果你对自己人生的定义，不是来自外界的评价，而是来自对自我的了解和接纳，就不会过度地焦虑、迷茫，不会急于自证，不会操之过急。只有耐得住漫长的时间考验，才会水到渠成。

　　人生的松弛感，是生活方式和人生态度由内而外的发散。它应该成为人生的底色，让你从容、淡定地经历岁月的洗礼，并对所有的体验都保持开放而随性的态度。人生漫长，一路上会有高峰，也会有低谷。慢慢地，你会发现，松弛感才是人生的"王炸"。

思维篇

重塑对生活的认知

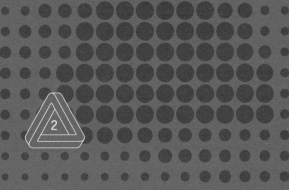

在日常生活中与你的大脑紧密合作

在一生中，你需要与各种各样的人接触、交往、协作去实现人生的高效能。人脉固然重要，但是人生中最重要的合作关系，其实并不是与他人的协同、交流，而是与自己的大脑和谐运作。这种和谐运作正是自洽力的一种展现，因为你可以利用与自己的大脑的紧密合作来安置好当下的你。

有时候你被老师逼着上台发言，大脑里一片空白，只好硬着头皮站到台前结结巴巴地说上几句。这时，你无法与自己的大脑紧密合作。相反，恐惧、羞愧的念头源源不断地冒出来，结果逻辑混乱、词不达意就理所当然了。

如果你是一个懂得与自己的大脑紧密合作的人，在上台前就会懂得调整心态，给自己鼓气，甚至在开始说话之前，就已经在大脑里演绎了一遍自己该如何面对这种场面。你将不再战战兢兢、不知所措，而是游刃有余、从容淡定，并最终打破僵局，把事做好。

那你该如何训练思维，与自己的大脑紧密合作呢？

曾多次获选英国最杰出心理治疗师的玛丽莎·彼尔，在一次演讲中说："关于大脑，有四件事是你要知道的。如果落实了这四件事，你就能在所有的领域中都取得成就。"以下就是关于大脑的四件事。

● 大脑会去做它认为你想要它做的事。换句话说，大脑时刻都在满足你在日常生活里对它提出的要求。

● 大脑会本能地趋利避害。它愿意把你带向快乐，使你远离痛苦，这是生命生存的本质。

● 你对所有事物的感觉都来自两点：一是脑海里的画面，二是你对自己说的话。

● 大脑喜欢不停地重复想那些熟悉的事，而不愿意去想那些陌生且费力的事。

你可以通过以下四个步骤把这四件事落实到生活实践中，更好地与自己的大脑合作，进而突破自身局限，获得更高效的人生。

第一步，明确真正想要的是什么

大脑是你的心声的忠实听众。

哈佛商学院教授艾米·卡迪分享了一个她自己的故事。

卡迪从小就是品学兼优的孩子，周围的人一直夸她很聪明。可是在 19 岁的时候，一场突如其来的车祸让她平坦的人生多了一些崎岖：头部严重受伤，被别人告知智商下降了两个标准差，不得不从大学休学。"我不再聪明了"这个设定让她绝望极了。她对此充满抗拒，再也没有什么事比这更让她感到无力了。

但是卡迪并没有放弃。她回到学校，用"勤能补拙"的口号安慰和鼓励自己，并且最终比同龄人多花了 4 年的时间完成了大学学业。之后，她的恩师推荐她进入普林斯顿大学继续深造。在这样一所一流的大学里，卡迪总是怀疑自己：我不该在这里，我这种能力、这种智商的人在这种顶尖人才汇集的象牙塔里，简直就是欺骗别人。当遇到的困难越多、付出的努力越多，却越遭受挫败的时候，卡迪就越怀疑自己，总是带着消极的想法，这让她总表现得非常糟糕。

在第一学年公开演讲前的那个晚上，她害怕极了，觉得自己的低能和低智商会在演讲中暴露无遗，被人发现，所以她给导师打电话说要退学。

导师严厉地说："不可以，我已经把赌注压在你的身上了，你必须留下，这是你唯一的选择。你要抛弃那些负面的想法，要相信自己做得到。我安排给你的每一次演讲你都要做，你必须一直讲，就算你怕得要死，全身瘫软无力，甚至灵魂出窍，也要讲下去。总会有那么一刻，你会发现，你做到了，它已经成为你的一部分了。"

最后，卡迪听了导师的话，决定抛弃一直以来自我质疑的想法——我太笨了，我配不上，并开始鼓起勇气告诉自己——我要变得优秀，我可以做得和别人一样好。5 年后，她从普林斯顿大学毕业，后来成了哈佛大学商学院的教授。

对于卡迪来说，人生逆袭的秘诀就是，明确地告诉大脑自己真正想要的是什么，而不要因为内心的恐惧放大那些消极的念头。

在任何时候，大脑都在听你说话，并且会通过你传递给它的想法和言语，策划出一个个契合你当下想法的人生场景。当对自己说"压力大到我要窒息了，工作多到快把我逼死了"时，你就是在告诉自己的大脑你不想做这件事，然后大脑就会认为你不愿意做这件事。最后的结果就是，你一直在拖延，做事漫不经心，最终半途而废。

试想一下，你在参加马拉松比赛开跑的那一刹那心里想着"好吧，还有 42 公里，我讨厌马拉松，真是无聊、辛苦又艰难"，那肯定完成不了比赛。你应该这么想"我爱跑步，我可以完成这场马拉松比赛"，即使这是当下的违心之说也没关系，这就是你和自己的大脑合作的方式。这些心声会改变你的人生，它们不只是积极的思考，还是你和自己的大脑合作。

所以，你要反思一下自己的行为和想法，如果还没有得到自己想要的，就说明你还没有与大脑好好沟通，还没有明确地告诉大脑真正想要的是什么。你要用非常具体、明确的话来告诉大脑你想要什么，并且这些话一定要是肯定语，而非否定语。

在要做一件对你来说很重要的事时，你要说："我希望做这件事，我享受它，是我选择了它。"这样，你的大脑才会自发地去捕捉那些有价值的信息，主动地调整好你的身心状态，进而让你往做好这件事的方向推进。

你和自己的大脑合作的方式听起来有点傻，但大脑确实是这样运作的，它总是依照它认为你想要的去做。

第二步，把要做的事和快乐联系起来

大脑会本能地趋利避害，愿意把你带向快乐，并使你远离痛苦。

如果你吃了一些东西觉得不舒服，和痛苦联系了起来，这辈子就再也不想吃那些东西了，因为避开痛苦就是你的本能。反之，如果你在做一件事后尝到了甜头，和快乐建立了联系，就会乐此不疲地去做那件事，甚至上瘾。

李笑来老师在《把时间当作朋友》这本书中写了一件有趣的事。

很多人都把背单词当作一件特别痛苦的事，往往记住的只是以 A 开头的单词。实际上，正是因为他们把背单词和痛苦联系在了一起，所以对每个单词的记忆都包含着痛苦，而大脑为了保护自己，最直接的方法就是把这些单词遗忘，避免痛苦。

所以，在背单词的时候，或者更一般地说，在做任何一件事的时候，一定要想办法把这件事和快乐联系起来，把它当作一件快乐的事来做。李笑来老师的一个朋友分享了他背单词的做法：当终于弄明白要拿奖学金就需要很高的美国研究生入学考试成绩的时候，他被单词量吓了一跳，但用了两天说服自己，这应该是一件快乐的事。他是这么算的：一共要记住 20 000 个单词，而如果背熟了单词并且获得了每年 40 000 美元的奖学金，那么每个单词值 2 美元，折合人民币约为 15 元。想到这些，他终于说服自己：背单词是非常快乐的。

他每天强迫自己记住 200 个单词，在晚上验收成果。每当记住了一个单词的时候，他就想象自己又赚了约 15 元。所以，他每天在睡觉的时候总是心满意足，因为当天又赚了约 3000 元。就这样，在把背单词和快乐建立了联系之后，他就非常乐意做这件事。

在做任何一件事时，大脑都会捕捉你对这件事的感受和想法，并将这件事与痛苦挂钩，抑或与快乐关联。

比如，你曾经逼不得已要在课堂上朗读，读错了一个字，然后大家都笑了起来，你就想"好吧，这是我最后一次公开说话了，我再也不想做众人的焦点了。"当然，你随后就忘了这段经历，但十年后，当要做一次演讲或工作汇报的时候，你就又会恐慌了，因为你的大脑在想"糟了，在公开场合说话是很痛苦的，你不记得了吗？"

一旦把做某件事和痛苦联系起来，你的大脑就会害怕它，拖延它，回避它。你要改变这种状况，必须想办法把要做的事和快乐而不是痛苦联系起来。这样，你的大脑才会积极地配合你的想法和行动，让事做起来毫不费力。

每天都有很多选择，重要的是，你是选择痛苦地回避问题还是选择快乐地应对生活。

第三步，"观看"事成的画面

大脑只对两种东西有反应：

- 你的大脑里想象的画面。
- 你对自己说的话。

与自己对话，在第一步和第二步中已经介绍了非常多，这里重点关注的是你的大脑里想象的画面。

现在，先想象有一个柠檬，然后再想象咬上一口，你会感觉自己的唾液在大量分泌，尽管并没有真的在吃柠檬。你的身体不在乎你告诉了它什么，不管是好的还是坏的，是有益的还是无益的，你的大脑总会根据那些画面做出回应。

著名的运动心理训练师加里·麦克曾写过巴西足球运动员贝利的取胜之道。

贝利告诉麦克，他在每场比赛前都会"观看"一些固定的节目。他会提前一小时来到更衣室，找个僻静的角落，躺在地上，头枕着毛巾，盖好眼睛。贝利解释了自己是如何开始在内心深处观看一场讲述自己儿时在巴西海滩上踢足球的"电影"的。他让这场"电影"唤起自己对沙子、照在背上的温暖阳光及轻抚着太阳穴的微微海风的美好记忆。然后，他又会回忆足球比赛在当时带给他的兴奋和快乐，让自己沉浸在对足球比赛的热爱中，重温那些儿时的美好记忆，让自己在比赛前感受这一切。

简而言之，在每场比赛开始之前，贝利都要确保自己始终保持着对足球这项运动的纯粹的爱。然后，他会在心中的电影里继续前行。他对麦克描述了自己是如何开始并"观看"自己的回忆的，他回忆起世界大赛中最伟大的时刻。他让自己一遍又一遍地感受对胜利的强烈渴望，想象自己在比赛中发挥出巅峰水准。

最后，贝利告诉麦克，他能看到自己在即将到来的比赛中表现出的样子：他发挥出色，取得了进球，可以轻松地带球越过防守者，这些由强烈的胜利感组成的积极图像最终构成了他的内心电影。他在比赛尚未发生时想象着一切：观众、氛围、球场、主队、客队，他看到自己势不可挡。他告诉麦克，起作用的不是视觉和影像，而是要让自己感觉到与成功有关的情感。他说强烈地感受到这种感觉很棒。

经过大约半小时的放松和内心预演之后，贝利才开始做比赛前的肌肉拉伸运动。直到那时，他才可以真正放松下来，因为他已经做好了赢得胜利的心理准备。因此，他在慢跑进体育场的那一刻，无论是身体上，还是心理上，都已经进行了全副武装，并使它们得到进一步加强。

贝利通过与自己的大脑紧密合作，在比赛前给思想找了容身之所，然后在脑海里不断预演、想象，感受胜利，在心理上为胜利做好准备。

在大脑深处的想象中，你可以不断地播放和观看自己内心世界的高光录像，可以再一次回想起自己对事业的热爱，感受到要做的事带给自己的快乐和那份胜利的感觉。与大脑一起想象，可以让自己在心理上为即将到来的战斗做好准备，赢得心理优势。

如果你的大脑里常常出现的是一些不好的画面，勾起的是你对过往失败经历的回忆，呈现的是对未来的焦虑和担忧，你就需要及时调整与自己的大脑的合作，必须改变那些画面，改变那些消极的自我对话。比如，你要参加一场比赛，内心的声音是"我紧张，我害怕，我觉得自己做不到"，满脑子都是自己结巴的画面。这时，你就要停下来想一想，那些真正自信和优秀的人会这样想吗？

如果你想做成一件事，就要用你的大脑去想象如何把这件事做成，勾勒出的细节越多，你的大脑就越容易做出正确的回应，为你在真正的实践中积蓄力量。

第四步，将要做的事内化成习惯

做陌生的事需要一个人花费更多的能量来学习，所以为了节省能量，大脑更愿意去做那些更容易做、更烂熟于心的事。

在不断重复做一件事直到熟练后，在大脑里就会渐渐地形成一个稳定的神经回路模式。这个模式会让你做这件事非常熟练，甚至不经过大脑也能毫不费力地完成。

比如，你在刚开始学习开车的时候，要有意识地了解每一个步骤，包括启动、挂挡、踩油门、打方向盘，而在把这些步骤都了解了一遍之后，接下来就需要对每个学习到的步骤进行整合，这个整合过程需要反复练习，进而达到下意识自发地操作。最终，通过几个月的反复练习，你不需要多想就知道什么时候该打方向盘。

大脑爱做熟悉的事，它的设计就是不停地重复做那些已经熟悉的事。如果你熟悉的事是拖延、闲逛、做事漫不经心，就很难持续自律地做一件事，也很难在某个领域中取得一些成就。所以，你要试着把这些不好的行为或状态变成陌生的事，把那些好的行为变成熟悉的事，比如相信自己、与时间为友、持续健身等。最后这个步骤，其实就是和你的大脑一起合作，在实践中训练你的思维，将好的状态和行为内化成习惯。当你将想要做的事内化成了习惯时，你的大脑对要做的事就会非常熟悉，就会愿意配合你去做这件事。

古希腊哲学家亚里士多德说过："我们每个人都是由自己一再重复的行为所铸造的。"一再重复的行为，其实就是你的习惯，你的习惯在不断地构建着你的身份系统，不断地塑造着你的生活。比如，你偶尔写一点儿东西，肯定写得不咋样，不会觉得自己是一个作家，但如果你每天都花两三个小时写作，你的写作水平肯定会提高，而你会在内心深处认同作家这个身份。你的习惯会为证明你的身份积累证据。如果你想在某个领域中有所成就，就要反复去做那件对你而言最重要的事，以至于让大脑毫不费力地与你同步，并最终成就你。

你的潜能是无限的，而激发自己突破局限的潜能则需要按照以下几个步骤与大脑紧密合作：

（1）明确真正想要的是什么。

（2）把要做的事和快乐联系起来。

（3）"观看"事成的画面。

（4）将要做的事内化成习惯。

你与自己的大脑的合作越默契、越和谐，就越能突破局限，成就自己。你越能够利用好大脑，就越能够自洽地面对人生的挑战。

幸运是一种看待世界的方式

在生活中的某些时刻，我们都曾有过这样的感觉，别人总是那样幸运，而自己却总是把事情搞砸，但这是常见的心智偏见。当看别人的时候，我们关注的总是成功的结果，而不是他们为了实现目标所付出的努力，也不是他们在成功前所经历的失败和成长。我们在看自己的时候却相反，关注和感知的只是迈向目标的艰辛与痛苦，而不是那个可能成功的结果。

"运气"的概念源于这种感知上的偏见：我们总是认为有些人生来就运气好，而有些人却总是接二连三地倒霉。许多事情之间并没有简单的因果关系，它们的发生都是随机性使然。

人在一生中，都会有高峰和低谷，有运气好的时候，也有运气差的时候，这往往都是非常随机的，生命在跟我们玩着掷骰子的游戏。

幸运的框架效应

我听朋友讲过这样一件事情。

他在上高中的时候，一个同学在上学的路上发生了车祸，失去了右腿。那时，他心里非常矛盾，不知道要不要去看这个同学，因为在他看来，面对如此的不幸，他不知道该说什么来安慰同学。过了很多年，他和几个老同学一起去了这个同学的家里。让他惊讶的是，这个同学并没有如他所想的那样沮丧消沉，反而是拄着拐杖，笑盈盈地带他们观赏他最近的画作——广告设计图。

这个同学说："当发生车祸的时候，我以为自己会死掉；在医院治疗的时候，我以为自己一辈子都只能躺在床上了；出院之后，我以为自己没有办法再做任何有意义的事情……不过现在，我依然好好地活着，还有健康的左腿，而且我的设计师梦想并没有中止，我依然幸运地拥有整个世界。"

我的朋友选择了一种不幸的感知方式，他认为发生这样一场车祸，就等于把一个人给毁了，而出车祸的同学选择的是一种反证自己幸运的感知方式，结果他的生活不断地证明着他的选择正确。

其实，幸运与不幸，不过是你选择了不同的看待世界、感知生活的方式。如果一个人认为自己是不幸的人，就会把这种对不幸的感知带入生活中，通过言行举止不断地找到证明自己不幸的证据。反过来，一个始终认为自己幸运的人，往往会习惯于在工作和生活中挖掘证明自己幸运的事例。

在《成功与运气》这本书中，作者罗伯特·弗兰克探讨了运气背后的某种"框架效应"——对幸运的不同感知，其实就是不同的人选择了不同的认知框架。其实每个人都戴着一副有色眼镜在看这个世界，过滤掉自己认知框架里不支持的东西，只留存那些认同的部分。

周围存在的客观世界，在你的眼里并不客观，反而夹杂着你的想法、观念和感受，这些背后的信念往往都是主观的，依赖于你的大脑中的一套认知框架。这就是一种"框架效应"，让你根据自己的感知偏好，选择性地接受事实，选择性地看到框架里认可的东西。

举个简单的例子，如果你最近准备去云南大理旅游，就会发现网上到处都是与大理旅游相关的信息，周围的朋友和同事聊的很多话题也与大理有关系。事实上，与大理相关的信息一直这么多，只不过你在自己的认知框架里添加了"大理"这个关键字之后，就有了主动感知"大理"的意识，而这种意识会像雷达一样，自发地寻找有关"大理"的信息，而忽略其他信息。

对于同一个事实，幸运或者不幸，取决于你所选择的那个认知框架。当你选择了"自己是幸运的"这样一种认知框架时，你的意识就自然会去搜寻那些与幸运相关的事实，并且自动忽略那些让人沮丧悲观的不幸。这时的你被一种"幸运的认知框架"裹挟着，你的思维和行动会发生变化，而这些变化又会强化你的认知，让你在无意识中去做好那些与幸运有关的事情。

记得在 2019 年，我所在的团队发生了很大的变故，整个产品线进入维护阶段，新的产品线因为缺少市场验证和支撑，也看不到前景，那时的我虽然在团队里走到了一个不错的位置，但是很清楚继续留下来只会得过且过，而且整个团队也有被裁的风险。

我当时很焦虑，但同时相信自己肯定能突破僵局，因为一直以来，我都相信自己是幸运的。后来在我准备面试离开公司的时候，前同事联系我，让我加入他所在的一家美国创业公司，我跟创始人聊了几次之后就很愉快地离职加入了他们，并且开启了远程办公的工作模式，也开启了一种边工作边旅行的生活方式。

同时，我也相信，即使没有这样一个机会，我也可以遇到另一个适合我的机会。回顾过去的生活，我一直认为自己是幸运的，而生活也不断地向我证明这一点。

科学地说，是否幸运就是一个概率问题。但是，如果你选择相信自己是幸运的，那么付出的努力、思考的深度和广度，比起没有这种信念的人，就会有很大的不同，而把事情做成的可能性（所谓的概率）就大大高于不相信自己幸运的人。"我是幸运的"就是一种成长型心态，它自带的那种积极的认知框架会让你看到一个更好的世界，重塑你对身边人、事、物的感知，更有助于事情往对你而言更好的方向发展。

如何主动创造属于你的好运

尽管你可能不会直接影响在任何时刻进入你的生活的机会，但可以从以下两个方面间接地影响它：

● 好运出现在你身边的可能性。

● 你对这些机会持什么态度和采取什么行动。

我们将"运气"定义为并非完全由我们控制的发生在我们身上的好机会和好事情的数量。有研究发现不仅某些人比其他人幸运得多，而且这些幸运的人有很多共同点。幸运的人有特定的认知框架所驱动的行为、品格和心态，这使得他们比其他人拥有更多的机会和优势。通过对这些行动、品格或者心态进行刻意训练，他们就可以把自己科学地训练成一个幸运的人。

英国赫特福德大学的社会心理学教授里查德·怀斯曼花了十余年时间研究幸运与人类行为的关联。他在著作《幸运因素》里谈到了许多与幸运相关的行为和处理模式。他认为，幸运不是魔法，也不是上帝赐予的礼物。幸运与否，是由人们的思想和行为指向决定的。他认为概率的因素占了约10%，其余的约90%的幸运因素均取决于自身。

他还曾说，幸运的人清醒，灵敏，不吝啬尝试，更欢迎机会和新鲜事物的出现。如果幸运就是在正确的时间和正确的地方做了正确的事情，那么所谓的正确与否都取决于思想和行为是否在一个"正确"的领域里。

根据里查德·怀斯曼的研究，运气好的人往往有以下三个性格特征。

1. 外向

这种外向，并不是指爱凑热闹、爱交朋友，而指的是积极主动地与外界交流，善于捕捉和寻找新的讯息与机会。说白了，就是你需要与这个世界互动，在互动中得到机会。你可以在平时多参加一些新的活动，体验一些新的事物，即使是内敛的人，也可以尝试扩大与外界的交流圈。

2. 开放

开放是指当你面对一个与自己当下认知相异的想法时，你的第一反应不是拒绝它、否定它，而是想一想它有什么地方可能是对的，和自己的认知有什么冲突。拥有这种性格特征的人，愿意尝试新东西，甚至愿意打破原有的认知框架，获取新的"洞见"。这样的人都拥有成长型人格，愿意不断地进步，接受失败，勇于探索生活中新的可能性。

3. 平和

因为世界的变化太快，所以平和的人可能越来越少。人们总是对未知和不确定性有本能的恐惧，所以就容易焦虑、紧张。但是在这个日新月异的世界里，一个人越能够平和、从容地面对外界，就越容易把一些事情做成，因为平和的人没有太多的负面情绪和内耗，他们的内心是自洽的，所以做事的时候就容易聚焦，也更轻松自在，甚至更容易吸引一些好的人、事、物，相比之下，谁愿意与那些恐慌、浮躁的人共事呢？

基于以上幸运的人所具备的性格特征，你就可以采取以下有助于获得好运的行动。

多与他人建立联系

理查德·怀斯曼发现，预测一个人到底多么幸运，可以看一看他与周围的人建立了多少社交和连接点。

幸运的人喜欢与他人建立联系，并且很乐于这样做，这也是前面说的幸运的人往往是外向的愿意与世界互动的人。在新的环境中，不幸的人更倾向于与自己认识的人或喜欢自己的人交谈，而幸运的人则会选择和更多的人交谈，即使还不是很熟悉的人。生命中的大多数机会都不会突然降临在你的身上，往往会通过你与周围的人的偶然连接而来。

我去云南旅游的时候订了一个民宿的房间，加了老板的微信之后，我们聊了很多，非常投机。他很热情，也很友好，给我推荐了很多可以去的地方，特别是大理的沙溪古镇，这是一个很有特色的古镇。当时，我并没有计划去沙溪古镇，因为它比较偏僻，而且我已经订好了民宿的房间。

没过几天，老板说他有几个北京的朋友在 7 月底来大理，想住在他家，问我能不能把我安排在他家旁边的民宿住几天。我一想，这不正好吗？我在这几天可以去沙溪古镇，在那边待两天，既满足了老板的诉求，也给了我去沙溪古镇的机会，而且老板退了两天的住宿费，我正好可以用它支付在沙溪古镇的住宿费。这不就是好运来吗？

怀斯曼在他的书中写道："我发现，在正确的时间处在正确的位置实际上就是在正确的心态中。幸运的人通过与大量的人进行互动来增加他们遇到好机会、好事情的概率。那完全是有道理的：机会是数字游戏。你可以连接的人员和想法越多，好的见解和机会就越有可能巧妙地结合在一起。"

俗话说，比你知道什么更重要的，是你认识什么人。

去做一些冒险的事情

运气往往会落在那些愿意冒险的人的身上。

如果你总是按照单调的固定路径工作、学习、生活，那么意外的好运是很难出现的，因为你没有给它一个乍现的空间。好运需要一个让它碰巧出现的空间，而为了塑造这个空间，你需要给平淡的生活带来一些变化和冒险。

比如，我在日复一日的平淡生活里，突然决定写作。这件事情就是我对生活做的一次特别的冒险。我记得那时决定每天早起写 1000 个字，不管写什么，都一定要凑够字数。慢慢地，我发现自己对文字的驾驭能力还不错，又偶然参加了一个有关写作的活动，就萌生了运营公众号的想法。公众号写作的尝试和冒险给我带来了极大的变化与成长，也带来了很多意想不到的机会。

开放性和自发性将为你带来更多潜在的机会，而单调的固定套路将减少意想不到的机会，并减少可能的收益，所以你要勇敢地做一些尝试。当采取某些新的行动时，你才有机会看到新的可能性。

即使那些积极主动的尝试和冒险最终没有在当下给你带来真正的好运与机会，但是必然给你打开一个全新的视角。这就是前面提及的那个空间。这预示着在不可预知的未来也许存在着你现在无法理解的可能性。

最关键的是，你要思想开放，并总是愿意主动地创造生活。运气好的人总是喜欢尝试新事物，而运气差的人一天到晚就干自己的那点工作，甚至还干不好。

善于在坏事中发现好事

能否遇到好运是概率问题，但是如果你相信你的世界是幸运的，就愿意付出努力，成功的可能性就大大高于没有动过这个念头的人。好和坏，也就在一念之间。这个世界其实并没有好坏之分，一切都是相对而言的。很多时候，一件事情的好坏，在不同的人眼里是截然不同的。

有位学心理学的人说过一个他克服失眠的方法。他说，在每次失眠之后，他根本就不焦虑，反而对自己说："这下太好了，我又有时间学习了，干脆在睡不着的时候看看书，增加一点儿自己的学识。"然后，他就会起身依靠着床头，拿起一本书来读。因为内心放松，所以过了一二十分钟睡意就来了，他很快就能安然入睡。这种在面对问题时积极主动的认知模式，不仅让他的失眠得到了缓解，而且也让他有时间阅读。

所以，你可以有这样一种心智模式，就是能够从困境中发现生活的意义，从所谓的坏事中看到好的一面。也许你会觉得，这不就是所谓的正能量吗？这不就是朋友圈里泛滥的心灵鸡汤吗？你甚至会觉得这种心智模式是一种"阿 Q 精神"，自欺欺人。

这是你对这种认知模式的误解，如果你总喜欢把困境当作阻碍，总把一件事情往坏的方面想，甚至没有一点儿把坏事变成好事的能力，那么你不觉得这样的生活很悲催吗？如果老天给你发了一手好牌，你打得不错，那没什么了不起；如果老天给你发了一手烂牌，结果你没有怨天尤人，反而打得风生水起，那才真的令人肃然起敬。

成为积极主动的人

在《高效能人士的七个习惯》这本书中，第一个习惯就是积极主动。很多时候，你没有得到自己想要的，没有过上自己想要的生活，往往是因为没有积极主动地争取。

我记得在刚入职一家公司的时候，我看到有出国交流的机会，就主动向老板提出想要去，结果下一次这样的机会就落在了我的头上，跟老板一起代表团队去了加拿大。我的能力是获得这个机会的一个因素，但我觉得很关键的一点是我能够积极主动地表达我的诉求。

在职场中，很多人都有一种"羞耻感"，想展现自己的成绩却害怕别人说自己爱表现，想主动争取机会却担心别人说自己耍手段，想与老板多交流却害怕别人说自己拍马屁。感到羞耻真的没有必要。

　　我从来不觉得积极主动是一件不好的事情，主动争取机会是理所当然的，只有积极主动的人才值得拥有好运，因为他们为此有所付出。凭什么好运要降临在一个什么都不做的人的身上呢？在职场中，绝对不要像有些人一样，明明自己不行，还怪别人太主动，即使那些在你看来通过拍马屁上位的人，也肯定有过人之处，毕竟能做老板的人肯定不是"糊涂虫"。

　　任何机会都是留给有准备的人的，你不仅要努力上进，把自己的一身本事练好，还要懂得积极主动地抓住机会，提高把事做成的概率。生活中的好运和机会从来不会搭理那些消极被动、自以为是的人，它青睐的一直都是那些积极主动、愿意为自己想要的生活努力发光的"金子"。

　　你可以不去刻意地追求琢磨不定的运气，但是却可以重构感知幸运的认知模式，利用这种新的认知模式来看待周围的人、事、物，从而与周围的环境构建和谐的关系。

　　在过去的五六年里，我需要感谢自己一直都有"我是幸运的"这样一种认知模式，它让我身边的人、事、物总是自带一种"良质"的属性，让我的世界变得更有趣、更美好、更自洽，也让我有更大的内在自洽力从容地面对未来生活的变化。

　　你要相信自己是幸运的。运气好的人之所以运气好，说白了，就是他总能跳出自己的主观视角，随时留意周围事物的价值，并且以积极主动的心态和行动来面对生活抛出的考验。如果你总认为自己很不幸，那么应该做出一些改变了。

寻找人生中的"阻力最小路径"

在现实生活中，你常常会陷入一种人生无解的怪圈中。比如，你很胖，要求自己每天痛苦地节食，可是总会不经意地在某一天，经过一番犹豫之后，选择到一家火锅店大快朵颐，结果回到家一称，体重又回去了。这时，你又会发誓，下次绝对要管住嘴，坚持一下。所以，你总在"决定减肥—减肥—体重反弹"的怪圈里反反复复。

你会很无奈地发现，自己努力做出改变，却并没有得到预期的结果，就像拉磨的驴子，因为被蒙住了眼睛，所以一圈一圈不停地拉磨。它感觉一直在往前走，不断进步，不断成长，但事实上，一直在原地打转。

你身处努力和放弃的循环往复中，往往不是你的努力出了问题，而是你陷入了一个锁死性结构的怪圈。

"我做不到" vs "我想要"

在一个锁死性结构的怪圈里，无论你怎么努力，怎么挣扎都无法解决问题。

一个人的认知系统是非常复杂的，大脑思考和做决策是有不同的思维层次的。

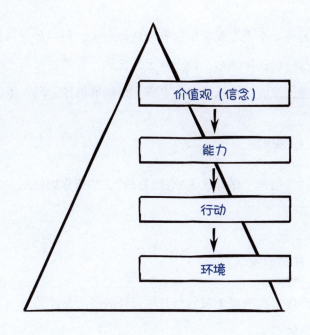

1. 价值观层次

价值观，其实就是你的内心的一套信念拼图。它会潜移默化地影响你看待周围事物和为人处事的方式。你在这个思维层次上的思考往往是：

- 为什么做（或者不做）这件事情？
- 这件事情是重要的还是不重要的？
- 这件事情原本应该是什么样的？

2. 能力层次

能力与一个人在现实中能有的选择相关。每一种选择都是一种能力，所以选择越多，能力越大。比如，你的英语听说读写能力都很强，就能够选择当英语老师，也能够选择做同声传译。

3. 行动层次

行动指的是"做什么""有没有做"，是指你如何用自己的能力去做事情。

4. 环境层次

在环境层次的思考包括对身体以外的所有条件的感知。比如，人、事、物等。

从环境层次来看，很多人从小就被灌输了"人是环境的产物"这样一种观念，从而演化出了两种心态，即顺应环境和反抗环境。

这两种心态都让你认为环境才是决定性的因素。所以，当被封锁在环境这个层次时，你就会把一切不满意的现状，都归咎于内外环境的不许可。比如，有些人工作不开心，就认为公司有错，生活不顺利，就认为大环境差。

环境的无法改变催生了"我做不到"的念头，所以无论你是顺应环境还是反抗环境，都无法满足内心真正的欲求。

你之所以会陷入循环往复的困境中，是因为你被锁死在一个双向都有压力的结构之中。一方面，你认为无力改变环境，内心中的"我做不到"的念头让你心力交瘁；另一方面，你无法消除自己的欲求，在不能正视现实的状况之下受"我想要"的欲望驱使，徒劳无益地努力一把。在这堵"两面墙"的夹击之下，你总是试图走那条最容易走的路，结果就在"我做不到"和"我想要"之间循环往复。

以减肥为例，当某一天再也无法忍受自己肥胖的身体时，你就会采取行动，闭上嘴，迈开腿，朝着"我想减肥"的目标前进。这时，那条最容易走的路通往"我想要"的方向。你在努力了一段时间，却依然看到镜子里变化不大的自己时，那条最容易走的路就会偏向"我做不到"。你会忽然感觉无能为力，不想行动了。然后，你越靠近"我做不到"这一头，体重增加的压力就越大，你就会再次走向"我想要"。

结果，你总是在"我做不到"和"我想要"之间摇摆不定，循环往复，困于当下。

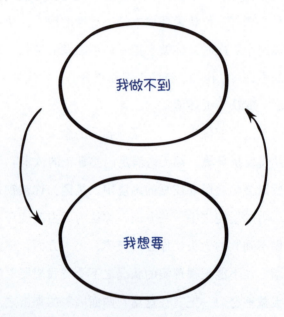

在思维层次中，每一层的思考都会对下面的思维层次产生影响，而更高思维层次上的改变，将会向下传递，从而在低思维层次上产生相应的改变。思维层次越低的问题，越容易解决。日常生活中的大多数问题是环境及行动层次的问题。问题在价值观层次的时候，解决起来就非常困难。

一般来说，一个低思维层次的问题，在高思维层次里容易找到解决方法，反过来说，对于一个高思维层次的问题，用一个低思维层次的解决办法，则难以有效。比如，一个生活窘迫的人，在大多数时候都只是从环境和行动层次上思考，认为大环境不好，个人的努力不够，但这样的思考并不能真正摆脱贫穷的困境。

如果用思考的思维层次来推演，往往就能找到本质的原因。

首先，从环境层次来看，他的周围依然有很多人生活富足，而且互联网让彼此之间的连接和沟通都更高效，当下环境从历史上来看反而是一个更好的致富环境。从行为层次来看，他目前很拮据，爱贪小便宜，只懂得索取，不懂得给予，甚至愿意牺牲宝贵的时间来换取金钱上的节约。从能力层次来看，他没有专精的技能，找不到一份更好的工作，也没有领导力、亲和力，不能与他人很好地合作。对此，他在价值观层次的信念往往是，财源供给有限，他和别人的关系是你争我夺的竞争关系，如果他花钱，钱就少了，他必须减少支出才能拥有更多的财富。

简单地推演之后，你就会发现，高思维层次的思考是直接影响低思维层次的思考的。他把这几个思维层次的思考都理顺了之后，再从高思维层次到低思维层次重新思考，就有可能真正地改变现状。

这时，他可以先从价值观层次来重新定义信念——只要有高价值的能力资源，就可以交换到足够的金钱。基于这个信念，他就不再把精力放在金钱上，而是放在未来发展的战略上，提升自己的能力价值，让自身的高价值来吸引金钱流向自己，在后续的行动上也会变得开放，懂得与他人构建双赢的关系，愿意在自己的身上进行投资，所处的环境也会变得更加有利于他的个人发展，从而让人生进入一个正循环。

只有在更高思维层次上改变，才会从根源上解决问题，产生质的变化。在更高思维层次上改变，就是那条最容易走的路，其实就是作者罗伯特·弗里茨在《最小阻力之路》这本书中提到的"阻力最小路径"——生命就像河流。不论是人类生存还是自然界的事物变化，都遵循着阻力最小路径原则。在一个结构里，能量往往顺着阻力最小路径流过此结构。换言之，能量在溜达时，一定寻找最容易走的路。

我们的大脑的进化是一项高成本的投资，它虽然只占人体重量的 2%左右，却消耗着人体 20%左右的能量。在长期的进化中，我们的大脑一直在寻找"阻力最小路径"——哪条路径的阻力更小，就走哪条路径。所以，与费力的思考相比，人们更愿意采用其他更简单的行动来回避思考，比如盲目从众随大流。

周遭的地形决定了蚂蚁行动的路径，河床的结构决定了河流流动的路径，生命的底层结构也将决定人生的路径。我们的饮食习惯、工作方式、价值观念，往往也是顺着生活里的"阻力最小路径"而逐渐成形的。

你想要改变，却陷入问题循环往复的人生怪圈里，这意味着你的生命底层存在着锁死性结构，这种锁死性结构导致了行为的摇摆。

重建"阻力最小路径"，寻找人生出口

受制于环境因素的锁死性结构让你陷入了人生困局，那怎么办呢？

在《最小阻力之路》这本书中，作者罗伯特·弗里茨给出了一个方法——创造性地建立一个新结构。也就是说，你需要创造性地打造一个全新的张力结构，借此来重建全新的"阻力最小路径"，在价值观层次找到人生出口。

你可以采用以下三个步骤来重建"阻力最小路径"。

1. 明确愿景

你需要探索内心的真实想法，找到自己真实的欲求。这其实就是要在价值观层次上明确"自己是谁"，想成为什么样的人，然后在行动层次上思考做些什么，最后和自己期望的结果越来越近。

《心智突围》这本书中提到了一个明确愿景的方法，就是你可以在不同的人生维度上思考：

● 我期望在人生的这个维度上设置一个什么样的长期愿景？

● 这个愿景最终是如何呈现的？

比如，在"职业发展"这个人生维度上你期望成为一个研发

109

经理。这个愿景的最终呈现就是，你有一个团队，能够领导团队进行需求分析，制订开发计划，监测开发流程，保证研发质量，并且可以向上汇报研发结果、与客户紧密沟通等。

2. 认清现状

很多人无法正视自己的现状，甚至有时候会像把头埋进沙子里的鸵鸟，自欺欺人。认清现状，其实就是在环境层次上思考自己对当下的掌控。如果你无法诚实地面对自己，就无法进入创造性结构重塑的下一步，因为虚假的自我认知和现状判断，只会构建出错误的"阻力最小路径"，让你得不偿失。所以，你要诚实地分析你的现实条件。

如果你想减肥，就需要问自己：现在的体重是多少？现在一日三餐吃什么？喜欢吃什么食物？倾向于做哪种运动？等等。如果你想多读书，就需要问自己：现在每周读几本书？每天能安排多长时间读书？喜欢看哪些方面的书？等等。

3. 构建张力结构，重建"阻力最小路径"

当明确了愿景，认清了现状时，愿景和现状就构成了一个具有张力的结构。

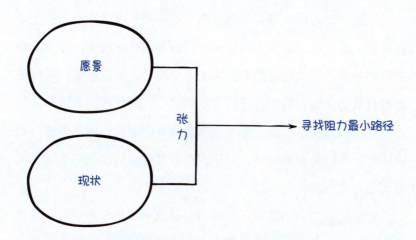

愿景和现状之间不是"我做不到"和"我想要"这样的对立关系，而是愿景和现状之间的落差。

如果你非常诚实地面对自己的欲求，清晰地分析自己的现状，想明白了真正所想和真正所有，那么这两者之间就会形成一股张力，你就能从中构建出一条路径，让愿景变成现状。这条阻力最小路径，是你最终在行动层次上思考的结果。

比如，你想成为有魅力的人，所以要减肥，现状是你的体重是 180 斤却爱吃不爱运动。通过构建一个张力结构，你就会创造性地找到阻力最小路径：

- 哪些食物既美味，又热量低？
- 哪些运动你既喜欢，又有效？
- 哪些减肥的方式你既可以接受，又不会造成负担？
- ……

　　寻找"阻力最小路径"的过程，是一个只属于你自己的创造性过程，既有趣又新鲜，自带一种探索和尝试的快乐。你没有必要简单地利用别人的经验和方法来改变现状，实现愿景，可以根据对自我的认知，根据自己的喜好和优势，找到改变自己的最佳路径和最优选择。如此，你才能够在改变的过程中乐此不疲，积极应对，不因焦躁而放弃，然后，在日常点滴的改变中不知不觉地实现心之所想。

　　重建"阻力最小路径"所要做出的改变才是最不费力，也最可能顺势而为的。人生需要努力，也需要坚持。但比努力和坚持更有效的，是你跳出"我做不到"和"我想要"的对抗性怪圈，在一个"愿景"和"现状"共存的张力结构里找到属于自己的"阻力最小路径"。

懂得做事耐心的人，才是时间真正的朋友

有一次，我问一个朋友他的人生愿景和目标是什么。他说自己想当知识网红。

在这个时代，想当网红已经不是新鲜事了，但是从他的话语中，我感受到他想快速成功、快速致富。把当网红作为人生诉求的背后，其实是一种欲望——期望在短时间内实现财富暴涨和人生逆袭。一夜暴富的真正问题在于，这个世界的名和利如果来得太快，那么去得也会很快。这个世界上很少有人愿意慢慢变富，更没有耐心去做长期的积累。

一夜暴富的背后是深坑

什么样的人更想一夜暴富？往往是那些在物质生活上更为匮乏的人。

有个故事叫"王戎识李"。有一个叫王戎的小孩，虽然只有七岁，但是他的认知能力却比同龄人高出一截。有一天，他和一群小伙伴出去玩，突然发现路边有一棵树，树上结满了李子。小伙伴们一哄而上，手忙脚乱地摘李子，但王戎却站在那里跟没事人似的，非常淡定。有人经过，看到这个情景，就问王戎为什么不去摘李子。王戎淡然地说："树在道旁而多子，此必苦李。"果然，小伙伴们尝了纷纷吐槽："太难吃了！"

你永远不要奢望自己有机会一夜暴富，因为天上不会掉馅饼，掉下来的多半是陷阱。即使有人真的走了狗屎运，突然一夜暴富，那也不见得可以长久富有。典型的例子就是中彩票大奖之后的返贫。我们时不时会看到这样的新闻，某人深陷贫困后用身上仅有的几元钱买了彩票，结果中了大奖，一夜暴富，但是没过几年，他又回到贫困的状态，甚至债务缠身，比中彩票大奖前更穷。

想要一夜暴富，反映的是一种"穷人心态"——对当下的资源过度焦虑，对未来的不确定性倍感不安，所以总是以"穷人心态"在生活中不断地做选择，并且更容易期望通过某种不切实际的方式实现人生跃迁。

这种穷人心态，让一个人试图以最小的成本、最低的风险，瞬间获得大到难以置信的回报。可现实是，用低成本、低风险赢得高回报永远是概率极小的事情，想要一夜暴富永远是渴望脱贫又不愿意诚实劳作的人挥之不去的妄念。

这种妄念的背后，正是你挥之不去的焦虑。那些成功的人不会告诉你：他们为了今天看起来的毫不费力，在成长期付出了多少努力；他们为了走上如今迅速增值的捷径，在迷茫期走了多少弯路；他们获得了知识网红的头衔，曾在自己的领域里付出了多少精力。急功近利是有代价的，你有多快达到成功的顶峰，就有多快跌落到失败的谷底。

耐心才是王道

巴菲特一生中 99%的财富，都是在 50 岁之后获得的。在 50 岁之前，他正在慢慢地积累变富的资本和能力。他说过一个财富积累的例子，道琼斯指数经过了近 100 年的历程，从 1900 年的 65.73 点涨到了 1999 年的 11497.12 点，涨了约 174 倍。这不得不让人赞叹，不过它的年复合增长率却只是约 5.4%。

事实上，在股票市场上，大多数人都看不上 10%的年复合增长率。很多人追求的是每年 30%、50%的增长率，甚至翻倍的暴

115

涨，所以他们不愿意做这样简单的投资，反而去追涨杀跌。巴菲特不一样，他愿意这样持续数十年投资，所以最后变得非常富有。

其实，在大多数时候，有些人很厉害，过得比别人好，不是因为他们多牛，而是因为他们的对手太差了。在这个世界上，很少有人愿意慢慢变富，很多人都不能踏踏实实、耐心地做点事。

最让我佩服的几类人之一，就是能够耐心地做一件外人看来简单的事，并且最后往往都能做出一些成绩的人。

这种面对人生的耐心，其实是一种更稀缺的能力，可以让你更自洽地面对人生中的困难。

1. 耐心是坚毅品格的体现

心理学家安吉拉·李·达科沃斯通过大量的研究和调查，发现了决定一个人能否成功的最重要的因素：不是人们认为的智商、人脉、天赋，而是坚毅（Grit）。坚毅才是最可靠的预示成功的指标。向着长期的目标，坚持自己的激情，即便经历失败，也能够坚持不懈地努力，这种品质就叫坚毅。

我曾经看过一个有趣的新闻，摊煎饼的大妈和顾客发生争执，回怼了顾客一句："我月入 3 万元，怎么会少给你一个鸡蛋！"大妈几十年如一日就干一件事：卖煎饼。虽然她风里来雨里去，非常辛苦，但是收入却比一些看上去"高大上"的白领多得多。这也许算不上大成就，但试问有几个名校毕业的学生能够靠自己的本事在一二线城市买几套房？这就是耐心坚持的坚毅力量，你应该学一学。

你不要把时间浪费在一夜暴富或者极速成功的妄念上，在做白日梦和自怨自艾的时候，别人已经在踏踏实实地积累实力了。

2. 耐心是一种更好的生存策略

在动物研究中，有一种生存理论认为，动物会在生育和生存之间达到平衡。比如，有的动物会采取"快生存、慢繁殖"策略，先投入大量时间和精力生存，站住脚后再繁殖后代，比如大象，一直长到 10 岁左右才性成熟，这是因为大象足够强大，对它而言环境足够安全，它不用急着繁衍。有的动物则采取"快繁殖、慢生存"策略，适应多变环境的方式是尽可能快地把基因传递下去，不会花很多精力在自身的生存上，比如马达加斯加岛有一种刺猬，出生 40 天就能生育后代，一窝能生 32 胎，靠繁衍更多的后代来抵抗环境的多变和危险。

这种理论也能用到人类社会中，一个没有耐心想要快速成功的人，往往焦虑感会更高，可能长期生活在危险、动荡、不可预测的环境中，更容易像出生不久就拼命繁殖的刺猬，期望尽可能快地抓住一切可能的机会来应对未来生活的不确定性。所以，他们更容易急功近利，更容易在获得名利之后大肆挥霍，最后的结果反而很惨。

相反，一个人从小生活在安全、稳定、可预期的环境中，在生活中就会节制很多，因为他们能预测到未来会发生什么，所以更愿意做长期投资。对于他们来说，一步一个脚印才是正确的生活对策。为什么很多艺术家、哲学家出身于贵族家庭？因为稳定的环境让他们不被生存所迫，在艺术、学术上稳扎稳打，取得了惊人的成就。

在家庭教育里，我觉得耐心的理念值得以身作则地展示给小孩。你不仅自己要愿意在更长的时间维度上奋斗，而且要给小孩提供一个更安全、更稳定、更可预期的慢慢变富的环境。

很多人都是间歇性踌躇满志、持续性混吃等死，偶尔打一下鸡血，三分钟热度之后就开始放弃，每天都想着未来的征程是星辰大海，但却总是倒在离出发只有 100 米的地方。人生总是有选择的，慢一点儿、耐心一点儿，也许成长更快，而后来看到的那种快，只是前面慢慢打磨出来的一个结果。

等待 vs 耐心等待

时间是人生的放大器。如果你耐心地在自己的专业领域里深耕，就会成为就业市场中的"抢手货"；如果你耐心地跟着有价值的企业一起成长，就会在价值投资的路上获得丰厚的回报；如果你耐心地发展自己的兴趣爱好，就会在未来实现自我的价值。

那些真正愿意与时间做朋友的人，都具有耐心这个如今非常稀缺的品质。许多人将耐心误认为是等待某事的能力。事实并非如此，耐心不是简单地等待一个奖励，而是你对等待的态度。

比如，如果我在等待一个半小时前订购的比萨，那么可以通过以下两种方式等待：

- 耐心地等——认真地看看书，写写字，只是在比萨到货之前，独自享受闲暇的时光。

- 不耐烦地等——在房间里走来走去，不断地打电话催促餐厅，内心焦躁不安，情绪无处安放。

显然，"耐心地等"这个方式优于另一个，对我来说更好，对送餐大哥来说也更好。可现实是，我们在生活中变得越来越急躁，越来越不耐心。

在心理学研究中有一个实验设备叫"斯金纳盒子"。

斯金纳盒子的工作方式是这样的：将小白鼠放在装有杠杆和喂食碗的盒子中。小白鼠在盒子周围嗅着，最终会偶然地推动杠杆，然后含糖的小点心会掉到碗中。小白鼠很快就会发现"推动杠杆 = 获得美味的点心"，所以一遍又一遍地推动杠杆获得点心。斯金纳盒子展示了一些动物行为的基本原理：如果感觉良好，动物就会一次又一次地重复同样的行为，最终会依赖于那种令人愉悦的事物。

今天，生活中充满了斯金纳盒子。你的手机是斯金纳盒子，你的电视是斯金纳盒子，美团、滴滴也是斯金纳盒子。现代社会已经变成了一个稍微复杂的斯金纳盒子。你推动"杠杆"，就有海量的信息、娱乐和便利供你选择。以便利的名义，市场给了你一个不再需要耐心等待的世界，无论你想要什么，都应尽快实现。

当事情进展不顺利时，你就不会那么耐心，反而更烦躁。因为你不再适应等待这件事情，所以对于等待，你的态度是厌恶的、拒绝的。比如，滴滴司机在周一早上走错了路，美团外卖骑手延迟了 10 分钟才送到，网购商家没有及时发货，甚至网页加载时间超过 3 秒，都将推动你的内心中焦躁的"杠杆"。

对于等待，只有你的态度是耐心，才会让自己平静下来，不依附于周边匆忙便利的世界。耐心是一种人生态度，愿意等待更长的时间，敢于延迟满足，着眼于长期的结果，而不是短期的回报。只有有耐心，你才能从容地对抗人生里的焦虑。

这个世界的大多数人总是希望快速提升自己，从而产生了一种心理上的自满激进情绪，认为一切美好的事物都应该轻松获得。相反，只有少数人愿意耐心地做那些令人不舒服甚至不悦的事情。他们很清楚地知道，真正有价值的回报，都需要一个人耐心地等待。

愿意耐心地等待长期奖励的人越少，长期奖励就变得越好。有的人愿意耐心地与家人相处，所以收获了和谐的关系；有的人愿意耐心地解决工作上的难题，所以收获了职位的升迁；有的人愿意耐心地自我成长，所以收获了财富和精神上的自由。正因为这个世界上真正能够抱持耐心态度的人越来越少，所以一个人为人处事越耐心，就越容易脱颖而出，越容易成为这个世界的赢家。

如何更有耐心

1. 学会独处

你要锻炼与自己的思想平静共处的能力。这可以让你得到意想不到却显而易见的好处。除了减轻压力和焦虑，生活中的静止时刻可以增加创造力，使你更富有生产力，还可以帮助你丰富内心的情感。

法国哲学家布莱斯·帕斯卡尔曾说过："人类的所有问题都源于人类无法独自安静地坐在一个房间里。"

保持静止的秘诀是，愿意消磨时间以保持静止。对于我来说，保持静止最好的时间是早上或睡觉前。你可以尝试一下在没有手机和电视机的地方待上 10 到 15 分钟，只有你和你的想法，也许还可以有一本书。你也可以在下午安排步行 15 分钟，可以收到同样的效果。

周国平老师曾说："怎么判断一个人究竟有没有'自我'呢？我可以提出一个检验的方法，就是看他能不能独处。当你自己一个人待着时，你是感到百无聊赖、难以忍受呢，还是感到宁静、充实和满足？"

真正的独处，是你能够在一大段空闲的时间里，自洽地与自己相处。你不需要借助外界的刺激来娱乐自己，不需要无休止地

121

用事务和交际麻痹自己，更愿意让自己安静下来，聆听内在的声音，思考一些更深层次的东西。

对于拥有独立自我的个体来说，独处是人生中的美好体验，虽然有些寂寞，但是这种寂寞中又会有一种充实。只有在独处的时候，你才可以完全成为你自己，不再去迎合别人，迁就别人，不受外界干扰，真切地感受到对生活的掌控感。独处所带来的内心能量，会让你在面对这个世界的时候，变得更耐心、更坚定，也更自洽。

2. 重塑对时间的感知

现在的生活节奏太快了，你不自觉地被世界推着往前走。你需要放慢自己的脚步，慢下来的既不是做事的效率，也不是时间，而是对时间的感知。

当一件事情在时间的流逝中慢慢完成时，你的焦点在哪里？你是否能够感知时间的流逝呢？只有当慢下来去做一件事情的时候，你才有机会沉浸其中，感受自己怎样一分一秒地专注其中，怎样一步一步地把这件事情完成。

有的人坚持马拉松式的慢跑训练。在跑步的过程中，他会感知自己的节奏、心跳，还有那些纷至沓来的念头。随着时间一分一秒地流过，他能够感受到完成之后的那点成就感，感受到跑步的意义。他会渐渐明白，时间是如何流逝的，耐心是如何在时间的流逝中积累起来的，在时间里一步一步地坚持是如何赋予他一点一滴的成就感的。

这种持续的成就感，会去除你的内心的焦躁不安，提升自我认可度，形成一个积极的人生模式，而这种模式是一个螺旋向上的正向循环，做事效率会越来越高。

你在追求快节奏的时候，常常心浮气躁，其实这是对时间的怠慢，结果往往不会太好。如果你没有对时间的正确感知，就很难有坚持下去的耐心，而完成一件事情，往往最需要的就是一个人的耐心。所以，在很多时候，你需要慢下来，重塑对时间的正确体验，这样才能有足够的耐心，高效地把人生的一件件事情做好。

耐心的力量一定会通过复利效应展现出来。比如，你买进一只具有成长性的股票，在刚开始的时候，甚至接下来很长的一段时间里，都看不到有什么大变化。这时，你最应该做的就是耐心地等待。因为一旦积累足够多，收益的增长曲线就会突破拐点，突然扬起，后面的增长只会越来越快，回报也越来越多。

大多数人只会看到增长曲线后面的猛涨，但却从来没有注意到在拐点到来之前，有着漫长而近乎直线的平坦，所以很少有人愿意耐心、笃定地度过那些看起来毫无起色的暗淡时光。

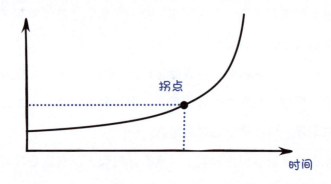

　　没有耐心的人，更容易选择"终点式思维"。他们希望快一点儿完事，快一点儿看到结果，然后就能去他们臆想出来的那个世界。没有耐心的人不愿意积累，不会把每件事都当作自己的事来做。他们能想到的只是短期的效益。没有耐心的人，甚至都不愿意真正地思考和反省自己的生活，他们说得最多的一句话就是"想这么多不烦吗？"

　　当面对人生的态度里多了一份耐心时，你就更容易利用好时间的真正价值，在日复一日的平凡生活里积蓄能量，并最终实现自己的愿望，获得丰厚的回报。在人生这场比赛里，最后的赢家不是跑得最快的人，而是跑得最久的人。

比情商更重要的是一个人的时间商

很多时候，人生的不自洽来自时间给你的压力。快考试了，却没有复习完；快毕业了，却没有找到工作；快到而立之年了，事业却没有起色。这些时候的不自洽，夹杂着恐慌和懊悔，自己早干吗去了？

假设人平均活 80 年。你在睡觉上花 28 年，这几乎占了你生命的 1/3，但与此同时有 30% 的人却为睡不好觉而挣扎着。你在工作上花 10.5 年，有超过 50% 的人想要离开眼前的工作岗位。时间比金钱更有价值。你能赚更多的钱，却不能获得更多的时间。你在看电视和社交媒体上花 9 年，在家务琐事上花 6 年，在吃吃喝喝上花 4 年，在教育上花 3.5 年，在梳妆打扮上花 2.5 年，在购物上花 2.5 年，在养育孩子上花 1.5 年，在通勤上花 1.3 年。只剩下 10 年左右的时间可以花在你真正想做的事情上。

时间的奇妙之处，就在于它无形、无价，一旦逝去，就不再回来。大家都在努力优化智商，积极地提高情商，所以在 30 岁之前，我一度认为智商和情商最终决定了人生的高度。但过了 30 岁，我才真切地感受到，其实大部分人的智商相差无几，情商也不相上下，而真正决定人生高度的其实是如何对待时间、如何利用时间。

你选择怎样利用时间，时间就会选择怎样塑造你。

时间商：
对待时间的态度和利用时间创造价值的能力

2003 年，学者斯蒂文·赫尔提出了一个概念——时间商。所谓时间商，就是你对待时间的态度，以及利用时间创造价值的能力。

做任何事情都有成本和收益。比如，你在下班回家之后，在晚上 8 点到 10 点这段时间相对自由，可以选择做很多事情：健身、写作、学习、刷微博、看电视剧、玩游戏等。一个时间商高的人，对时间持有谨慎的态度，善于做出最优选择，总会主动地把时间用在做最重要的事情上。

本杰明·富兰克林 10 岁离开正规的学校教育成为父亲的学

徒，靠印刷起家，30 岁左右成了美国费城地区最成功的印刷业商人，起草且签署过美国《独立宣言》，头像被印在百元美钞上，被外界赋予了政治家、教育家、作家、外交家、成功商人等诸多标签，堪称全才。

究竟是什么成就了他如此"开挂"的人生呢？答案肯定不是"智商在线""情商感人"，因为在这个世界上，双商不高但很成功的例子比比皆是。

真相是，富兰克林很早就建立了自己的价值标准，主动掌控时间，成为时间的主人，而不是被时间支配，"时间商"是他成就自己的核心能力。

最能体现他的时间商高的是他运用于人生的"五小时法则"——每个工作日学习一小时，一周学习五小时。这个法则贯穿于他的整个成人期，他所做的事情如下：

- 早起阅读和写作。
- 制定美德清单并追踪结果。
- 验证自己的创意和想法。
- 组建读书俱乐部。
- 在清晨和夜晚进行自省。

富兰克林每天都利用那一小时的时间来培养阅读、反思和行动的习惯。从短期来看，他和其他人并没有太大的区别，但从长期来看，这是他对时间做得最好的投资。反观很多人，一旦有点空闲时间，就急着刷微博，刷抖音，怎么开心怎么做，所以没有获得别人那样的成就理所当然。

富兰克林的五小时法则，体现的是一个人的时间商高——经过时间的沉淀，那些看起来最聪明和最成功的人，都是持续和刻意利用时间来思考与学习的终身成长者。时间商是一种底层思维，而时间商高的人在内心建立了一套看待时间和利用时间的价值体系，将时间视为朋友，从而能够在有限的人生里，分清楚事情的轻重缓急，投入到那些有价值的习惯里，最终掌握自己的命运，实现人生自洽。

"时间商"是你的自洽力的核心之一，决定着你在有限的人生里能够做好什么，做成什么。如果你想成为一个时间商高的人，就需要在以下三类时间上下功夫：

- 复时间。
- 暗时间。
- 心流时间。

你在这三类时间里投入得越多，就越能够构建自己的核心竞争力，并最终成就自己。村上春树曾说："凭时间赢来的东西，时间肯定会为之作证。"

复时间：投入到具有复利效应的事情上的时间

沃伦·巴菲特认为自己有所成就的关键在于，每周阅读 500

页书；比尔·盖茨说他每周都会读完一本书，在整个职业生涯中，每年都会专门抽出两周假期用于阅读；领英的前首席执行官杰夫·韦纳每天都会给自己安排两小时的思考时间；拉里·佩奇会花时间与谷歌的每个员工都进行深入交谈，从门卫到技术专家，总是处于开放的学习状态中。

这些杰出的成功人物，肯定很忙，但总愿意把时间投入到那些从长远来看能回报以更多知识、创新和力量的活动上。也许在刚开始，他们每天取得的成果很少、很小，但是把时间尺度拉长了看，最终都会获得巨大的成就。

我把这些投入到具有复利效应的事情上的时间称为复时间。这就像复利的利滚利，随着时间的推移，一个小小的习惯会带来巨大的回报。

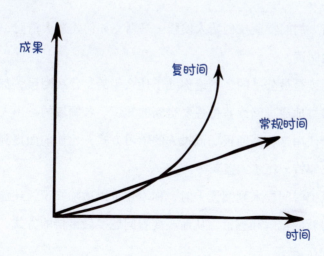

富兰克林的每天一小时，就是运用复时间的例子，而我投入到写作上的时间，其实也是典型的复时间。在刚开始时，我只是简单地分享自己的思考，完全"自嗨式"写作，不迎合读者，不受限于别人，阅读的人不多，点赞数很少。随着时间的流逝，到现在为止，我在公众号上写作已经坚持了五六年的时间，读者数和阅读量有了质的飞跃，而我个人的思考能力和表达能力也上了一个新台阶。

所以，在有限的人生里，你要谨慎地看待时间，将时间运用在那些能够给你复利回报的事情上。在生活中，下面这些行动是自带"复时间"属性的。

1. 阅读

当人们问特斯拉创始人埃隆·马斯克如何建造火箭时，他的回答是阅读。

阅读是最公平的，不论你处于什么年龄、什么圈层，都可以轻而易举地通过阅读获得想要得到的知识。各领域的杰出人才都热衷于使用这种高回报、低投入的学习方式，比如前面提到的沃伦·巴菲特、比尔·盖茨等。

当把时间投入到阅读上时，你不仅可以增加知识，还能够从中获得新的见解和感悟，从而改变看问题、做事情的方式，并最终改变命运。

2. 反思

反思是改变自我很重要的一个环节。它是指每隔一段时间就回顾一下过去的得失、错过的机会、做错的决定、成功的经验，以及思考未来如何借鉴。桥水基金创始人瑞·达利欧在发现公司运营或策略上的根本错误时，将问题记录在员工公共系统中，然后找时间与主管们一起反思去寻找解决方式。

有的人只是多想了一些，就轻易地拉开了与别人的距离。俗话说，吃一堑，长一智。事实上，在吃一堑之后，如果不反思，就不会长一智。不善于反思的人，吃十堑也不长一智，而善于反思的人，看见别人吃了一堑，自己就能长一智。反思，不是人类与生俱来的能力，但却是后天可以刻意训练的。如果你将时间持续地投入到反思中，就会获得更好的认知，采取更有效的行动，从而让自己始终处于不断成长的过程中。

你要做的其实很简单，每天在睡觉前拿一个本子把当天发生的重要的事情都写下来，然后想一想哪些事情做好了，其中的哪些思维习惯和行为方式值得坚持，哪些事情做得不好，问题出在哪里，可以如何改进。基于这样的反思，你可以把自己的思考记录下来，第二天可以对照着看一看自己是否有改进。反思这件事情看起来很琐碎，但是带来的进步是非常可观的。

3. 实践

杰夫·贝佐斯通过长期的实践，才最终建立了整个公司，亚马逊公司的成功从来都不是简单地来自他的突发奇想。

不管你读了多少书，复盘了多少案例，都不可避免地会犯错误。但即使会失败，你也依然要勇于实践、试错，而不是停留在空想里。因为你只有持续地将时间投入到实践中，才能真正地提升认知，获得实实在在的成就。

如果你还是感到气馁，那么请想一想爱迪生。他做了无数次糟糕的实验才发明了碱性蓄电池，做了无数次实验才改进了灯泡。直到去世，他拥有 1000 多项美国专利。

所以，你可以问问自己，准备做什么样的实践？报名参加舞蹈课？加入读书俱乐部？获得另一个学位？钻研一种新的编程技术？不管是什么，生活都是一个实验场。你做得越多，就会过得越好。

在焦虑忙碌的时候，你需要反其道而行之，懂得慢下来，认真思考时间应该花在哪里。将时间投入到阅读、反思和实践中，你将会在"复时间"的加持下，获得比原本期待的多得多的回报。

暗时间：看似无用，实为大用

每个人手里的钟表盘的指针走得都一样快，但每个人的生命却不是。衡量一个人生活了多少年，应该用思维时间。

有的人每天都会拿起书来看，但领悟却不见得多，因为在看书的这段时间里，他只是简单地记住了书中的东西，没有涉及推理，而只有思考推理才能深入理解一个事物，穿透表面看到本质，这样的思考推理所用的时间才是你的思维时间。刘未鹏在《暗时间》这本书中提出了"暗时间"的概念——走路，坐车，排队，跑步，吃饭……花费的所有时间都可以被称为"暗时间"。它是"看不见的，容易被忽略的时间"，是"没有产生直接成果的时间"。

面对这些"暗时间"，如果你总是能够慎重地对待它们，把你想做的事情和问题塞给它们，就能够把你的思维时间用到极致。

刘未鹏在书中写道："这段时间看起来微不足道，但日积月累将会产生巨大的效应。能够充分利用暗时间的人将无形中多出一大块生命，你也许会发现这样的人似乎玩得不比你少、看得不比你多，但不知怎么的就是比你走得更远。"

其实，利用"暗时间"对当下关心的事情和问题进行思考，采用的是大脑里的"发散思维"。

"发散思维"是一种全局思维。与在大块时间里的"集中思维"相比，它能够让外部信息在大脑的各个区域中乱窜，所以新的想法随时都可能冒出来。这时，大脑会重新回忆过往的经历，在过去和未来之间畅想，然后把不同的想法连接起来，这正是创造力的来源。很多科学家在打盹和散步的时候脑海里依然思考着科学问题，很多时候答案就在这些时刻忽然闪现。

有时，我也会纠结于工作中遇到的难题，冥思苦想了半天依然不得要领。这时，大脑时常会被这个问题萦绕着。我会不自觉地在吃饭的时候想一想，在上厕所的时候想一想，甚至在睡觉的时候问题也会突然冒出来。解决办法往往会出现在"暗时间"的某个瞬间，让我倍感惊喜和兴奋。

其实，利用"暗时间"可以做很多事情：在上班的路上，你可以想一想今天的工作安排；在健身的时候，你可以听一听哲学课；在散步的时候，你可以畅想一下未来的规划等。

在一个碎片化的时代，要想找出大块的时间越来越难，"暗时间"却到处都是。如果能够学会合理地利用"暗时间"，很多问题就可以迎刃而解，很多灵感也会不期而遇。这些看似无用的"暗时间"，实为大用。善于利用暗时间的人，在无形中比别人多出很多时间，从而能比别人"多活"很多年。

心流时间：临在当下，才能创造价值

有人问，一个人如何才能有足够的耐心，一步一步地成长呢？答案就在"懂得做事耐心的人，才是时间真正的朋友"一节中"重塑对时间的感知"部分。

现代的快捷生活，让你在大部分事情的体验上，都能够得到快速的反馈。你用手指触及手机屏幕，手机就会立马给你想要的消息；你只要在美团下单，外卖很快就能送到你家；你只要打开视频通话，对面就能够出现你想见到的人。世界开始以一种急切的方式来塑造你对时间的感知。可是，对于现实来说，这种对时间的感知却并不真实。

没有一棵树能够突然拔地而起，也没有一个调皮捣蛋的小孩能够忽然间成长为意气风发的少年，没有哪件事情能随着你的想法即刻"生根发芽"。所有的成长都需要你沉浸在时间的长河里，而让你沉浸于事情本身的时间被称为"心流时间"。

在前面的文章中，我其实已经提及了心流的概念。它是心理学家米哈里·契克森米哈赖提出来的——在心流体验中，你可以掌控自我的意识，重塑内心的秩序，全心全意地做一件事情，甚至进入忘我的境界。

著名漫画家蔡志忠先生这样描述他画画时的状态，"如果你全神贯注、聚精会神地做一件事情，一定会找到这样的感觉——宇宙和你在一起，时间就像水一样慢慢流过你的身体。你只能听到笔在纸上发出的唰唰的声音，甚至连心跳都听不见。你觉得时间空间好像都不存在，你觉得没有一笔是多余的，每一个动作都是完整的。"蔡志忠先生所描述的这种状态，就是一种心流体验。

他之所以能获得心流体验，是因为将自己放进"心流时间"里，沉浸于画画这件事情本身。如果你沉浸在"心流时间"里，就能将注意力放在当下，那些想法和思绪会自然地从你的内心流淌出来，推动着你把正在做的事情做到极致，甚至创造奇迹。

在"心流时间"里，你就能临在当下，让心灵处于清澈、纯粹的状态，这时就会突然冒出不知来自何处的"智慧语言"，让你借助所做的事情给人生赋予意义和创造价值。人人都是创造者，而其中的关键就是你能够利用好"心流时间"进入临在当下的状态。

比如，阳光照在一张白纸上，并不会有什么变化，但是如果你用凸透镜把阳光聚焦于白纸的一个点上，那过不了太长时间，白纸就会燃烧起来。所以，要想利用好"心流时间"，就要懂得全神贯注地聚焦自己的注意力，时刻保持专注。

要想在日常生活中提高专注力，进入"心流时间"里，就可以采用以下建议。

1. 选择一个锚定任务

我在工作上的一个重大改进，是采用巴菲特的专注策略，为每个工作日都分配一个（只有一个）锚定任务。

尽管我一天里有很多任务，但是我把当天必须完成的最重要的任务称为锚定任务。锚定任务是我一天都保持不变的主体，而选择这样一个任务的意义在于，它强迫我围绕它来组织工作和生活，从而它会自然而然地指导我的行为。

2. 管理你的精力，而不是时间

如果一项任务需要你全神贯注，你就可以把它安排在一天中最有精力的时段来做，以便有足够的专注力聚焦其中。

比如，我注意到自己的创造力在上午是最高的，在这个时间段里，我可以有更好的想法，可以写出逻辑性更强的文字，可以做出更好的思考和选择。所以，我会把创意工作安排在上午，而其他任务都在下午处理。因此，我会把一些思考性强的工作（比如写作、制订计划、写代码）安排在上午，而把回复电子邮件、视频会议等放到下午来处理。

任何一种提高效能的策略都无法管理时间，因为如果你没有精力完成要做的事情，那么给你再多的时间也于事无补。

3. 藏起你的手机

手机是专注的天敌，这是我在生活和工作中深刻意识到的一点。当身边没有手机的时候，你就不会收到短信、电话，也无法查看微信、微博，这会让你更容易专注于当下，提高自己的效率。

4. 为任务开始做好准备

在开始做事之前，把该准备的东西都准备齐全，避免因为临时中断而干扰专注的过程。

每当开始工作的时候，我都会把桌子整理一下，然后将需要用的资料、文件准备好，同时，也会把电脑里与工作无关的窗口关闭，关闭提醒模式，甚至打开全屏模式，让自己看不到时间及其他应用程序。当尽可能地减少了干扰时，分散注意力的冲动就会消失。

只要你是一个用心生活，善于探索的人，就可以找到更多适合你的专注方法。但无论你使用哪种策略，要做的都是致力于一次做一件事。一开始，你甚至不必成功，仅仅只需要开始。

人的一生如白驹过隙。在你的内心往往有两种声音。一种声音敦促你积极努力，不断地充实自己，激励你成长。另一种声音规劝你追求舒适，让你懒惰自弃，不思进取，限制你人生的可能性。每天晚上睡去清晨醒来，这两种声音都在脑海里相互厮杀。谁会赢呢？是那个你的内心更愿意听到的声音，还是你一直追随的那个声音？

怎样看待时间、如何运用时间，是一个人在人生中很重要的选择。一个时间商高的人，总会在"复时间"、"暗时间"和"心流时间"上下笨功夫，不被既定的智商和情商所束缚，实现人生的自洽。

内心自洽的五大思维模式

人在一生中会遇到各种各样的困扰，有时候是原生家庭的困境，有时候是事业追求的迷茫，有时候是对外界认可的执着。稻盛和夫对人生和事业的成功总结了三个关键因素，分别是思维模式、热情和能力，其中思维模式是一个人成败的决定性因素。

每个人都以他的理解和经历构建自己的思维模式，然后再用这个思维模式去理解世界。因为思维模式不同，所以对于同一件事情，不同的人做，结果会截然不同。在面对不乐观的当下和不可知的未来时，你该抱持什么样的思维模式，才能经受住严峻的考验，化危为机，从容自洽地在这个世界中占据一席之地呢？

思维模式一：
真正的大定，是接受世界的不确定性

　　我有时候会问别人："你相信什么？"在问了一圈之后，我发现，大部分人都没有特别坚信的事情。

　　这个世界上的很多事情都不是那么确定的，所以你就难以坚信它们会一直不变。比如，对于"相信每个人都会死"这个信念，绝大部分人都不怎么反对，但现在已经开始有越来越多的人相信未来的科技可以在某种程度上延长人的寿命，甚至让人永生。

　　其实你唯一能相信的就是世界充满了不确定性。

　　在古希腊人的世界观里，他们支持的是亚里士多德的"地心说"——这个世界是由土、水、火、气和以太组成的，所有的行星都围绕地球转动，包括太阳，而物体的运动需要借助外力。之后，在17世纪，因为观测到的天文现象越来越多，越来越准确，亚里士多德的世界观崩塌了，被更先进、更具现实意义的"牛顿世界观"所取代——行星都围绕着太阳做非匀速椭圆形运动（包括地球），地球是有万有引力的，而一个物体在无外力的情况下，可以保持匀速直线运动。然而，"相对论"和"量子理论"的出现，又彻底颠覆了牛顿世界观——它们告诉我们所有物质的底层本质都是能量，都具有一根能量弦线，而引力是空间扭曲的结果。

这个世界上的很多东西都是未知的、不确定的。我们对这个世界的认知其实一直都在变化。科学家说，宇宙有大概 90% 的东西是暗物质，只有大概 10% 的东西是我们能够感知到、看得见的，我们处于一个未知远大于已知的世界中。流行全球的新冠病毒提醒了我们这一点——不可控、不确定、不可知随时成为现实。

今天你认为很稳定的工作，也许不久就会被人工智能所取代，火热的 ChatGPT 已经可以写出比一般人写得更优秀的文章；你认为美国股市不会发生熔断，结果 2020 年已经发生了 3 次，连巴菲特都惊叹不已；你认为石油是稀缺资源，物以稀为贵，结果油价竟然跌到了负数，导致有些交易者不仅遭受损失，还倒欠银行几百万元。

这个世界的不确定性，总会给你带来诸多意外。房价不一定永远会涨、股票不一定永远值得持有，当下和未来总会有很多不确定的因素。你之所以对变化恐惧，是因为你总是希望找到一些简单而且固定的规则，以此来获得安全感，可是这在世界不确定性的本质面前，只能是缘木求鱼。

如果你接受了世事无常，就有可能发展出一种新的思维模式——每当变化来临的时候，第一，你对变化不再那么恐惧，因为你知道不确定性就是世界的本质，变化就是常态，第二，当你不惧变化，从恐惧中解放出来时，你的内心中反而会形成一种笃定的张力，让你淡定地面对万物的无常。

当抱持这样一种"接受世界不确定性"的思维模式时，你的内心中就会生出一份自洽的坦然。这份坦然会让你越来越接纳这个世界的变化，最后发展成一种了然，也就是佛语里说的"定"。

面对如今的困境，你要扪心自问，愿意转变思维模式，接受世界的无常吗？

思维模式二：看问题的角度多了，纠结就少了

你遇到的问题往往来自某个狭隘的角度。

有一个著名的思维实验——20个人围成一个圈，中间放着一把椅子，然后让每个人都说一说自己看到的椅子是什么样的。有的人看到的是椅子的正面，有的人看到的是椅子的侧面，还有的人看到的是椅子的背面。换句话说，同一把椅子可以从20个不同的角度展现，可是其中任何一个人都没有办法对椅子给出完整、准确的描述。

生活中的你与实验中的20个人一样，都局限在自己特有的角度里。对于遇到的人、发生的事，你都有一套基于过往和自定义的好坏标准，至于它是不是适合新的环境、新的场景却无从考证。一旦你只认定单一角度里的那种可能性，就自动屏蔽了其他角度里的可能性，而这也让你不自知地陷入了问题无解的窘境。

早在几年前，我有机会去新加坡工作，工作签证在办理中，但是有一个公司领导想让她的下属去，最后我与这个机会失之交

臂。我后来被安排去做了公司的一个内部项目。对于我来说，这简直是一件从高峰跌落到谷底的突发事情。当只看到错失了一个好机会的时候，我极度郁闷，根本没有动力去做别的事情。

我慢慢地从低谷期的郁闷中缓过神来，问自己：我现在可以做些什么？我能不能换一个角度来审视这种困境？

后来，我真的找到了新的审视这种困境的角度和应对方式。首先，做这个项目需要与印度人沟通，这正好让我有机会提高自己的英语水平，何况还是印度式英语；其次，我在这个项目里除了做本职工作，其实还需要做一些管理协调工作，这有助于提升我的领导力和管理能力；最后，这个项目不太紧迫，我有多余的时间更深入地学习专业知识，提高专业技能。结果不到一年，我离开了那家公司，因为自身能力已经有了很大的提升。

你的内心的焦虑、烦闷和纠结的糟糕情绪，往往来自对一件事情有成见，局限于某个固定单一的角度。一件事情的好坏，在不同的人眼里是截然不同的。但是，每个人都有选择一己态度的自由，就是人们的心智可以做出所谓的好坏判断，可以让好坏相互转换。

所以，你总可以抱持一种"从多角度看问题"的思维模式，不是只盯着事物的一个切面来作茧自缚，而是能够从不同切面去看问题。你看问题的角度越多，越能够正确地看问题，就越不容易被情绪绑架，内心就越自洽，而不会有过多的纠结和内耗。

换个角度去看，世界就不一样了。当失恋时，换个角度看，你放下了一个不适合你的人，有助于找到真正的伴侣；当丢了工作时，换个角度看，你有了一次重新思考真正想要做什么的机会；当创业失败时，换个角度看，你证明了某条路是走不通的，从而未来可以避免发生类似的错误。

看一个问题，要从正面看、背面看、外面看、里面看，站在过去看现在，站在未来看现在……与其执着于一个单一角度里的不安，不如改变自己僵化的思维模式，安然拥抱一路上遇到的人、发生的事。

看一个人情商和智商的高低，主要看他能否从多个角度来看同一件事情。你看问题的角度越多，就越不容易纠结，从而越能做出更好的选择。

思维模式三：与其抱怨现状，不如躬身入局

曾国藩曾讲过一个有趣的故事：有一个农村人出门，看到在一条很窄的田埂上有两个人"杠上"了，谁也不让谁，结果谁也过不去。原因是这两个人都挑着很沉的担子，路又太窄，谁要让，谁就得从田埂上下去，站到水田里，沾一脚泥。

如果你是旁观者，那么会怎么劝他们呢？如果你说，让年长的人先过去，让年轻的人下去，年轻的人就会说凭什么。这显然没有什么用，他们还是会僵持不下。

在曾国藩的故事里,这个旁观者走上前去,对其中一个人说:"来来来,我下到田里,你把担子交给我,我替你挑一会儿,你这一侧身,不就过去了吗?"

当看到问题的时候,你把自己从一个旁观者变成一个置身其中的人,把自己放进去,那个看似无解的问题就有了答案。曾国藩管这种方法叫躬身入局。

真正做事的人,往往都是愿意躬身入局的人。他们不会抱怨现状,反而会尽己所能化危为机,解决当前和未来面临的问题。一个人只有摒弃抱怨,躬身入局,才能看清楚当前危险之中的潜在机遇,才能真正做出有利于自身发展的战略性选择。

我能想到的最值得借鉴的例子,就是俞敏洪的新东方。在培训行业需求紧缩的大环境下,新东方并没有被现实困住,而是利用讲师口才和知识上的优势进入了直播卖货领域,结果打了一场翻身仗,找到了企业的第二增长曲线。

一旦找到了生活困境中积极的一面,你就应该主动采取行动,躬身入局。

思维模式四:自我负责,做一个超现实主义者

对于很多人来说,没什么是特别值得追求的。为什么一定要早起上班?为什么一定要"戒手机"?为什么一定要进步再进步?

简单来说，很多人没有足够强烈的动因，在他们的眼中，生活不值得投入已然拥有的一切。

很多人不愿意承担更多的责任，自然也就无法拥有更多的自由。责任和安全感一样，并不是来自外在，而是来自内在。当愿意在当下和未来承担更多的责任时，你才会变得更好，做得更多，拥有更多。当选择为自己的生活负起责任时，责任感会给你提供充足的动力和紧迫感，帮助你消除疲惫和绝望。

就像美国临床心理学家、意义疗法的创始人维克多·弗兰克尔说的那样，明了活着的意义能让你变得更忍耐。愿意为自己负责的人，往往更勇于直面现实。

桥水基金创始人瑞·达利欧的人生原则的第一条就是，做一个超现实主义者。瑞·达利欧建立了一套投资系统，将已知的风险纳入一套模型中，以求囊括一切。他希望自己做一个超现实主义者，综合分析眼前的形势，根据形势的变化在思维和策略上做出及时的修正，并且要敢于与偏见、错误做斗争。所以，他的团队要不断地搜集资料，将其录入系统中。这些资料在变化，得出的结果也在变化。瑞·达利欧对经济的看法是多变的，但这是他适应变化的一个办法。

为了让自己有更清晰的认知，瑞·达利欧要求公司员工尽可能开诚布公，对通话录音并鼓励辩论，让自己和员工的想法透明化。瑞·达利欧曾向员工征集关于他的种种缺点，抛砖引玉，列出包括"缺乏耐心""过度关注细节"。员工批评他做事时经常突发奇想，缺乏必要的跟进。他还要求员工在开会时不留情面，抛弃脆弱的自尊心，鼓励员工之间不断相互批评，直到他们能冷静、客观、不带情绪地反思这些批评。

人们都不愿意面对残酷的现实，经常基于想象拍脑袋做决定。很多人的想法都模模糊糊，他们不敢接受别人的挑战和事实的检验，就是因为担心被打脸，担心出丑。其实被打脸是常态，谁都怕跌倒，但跌倒正是你成长的机会，你要像瑞·达利欧说的那样，享受从犯错中学习。世界并不是简单地按照某些人的世界观来运转的。如果你想改变这个世界，就不要期盼这个世界先理解你。相反，你要先理解这个世界，理解这个世界里的人性，然后才有可能采取有效的措施改变世界。

有太多自以为是的人，他们以为自己就是世界的中心，总想让别人理解他们，尊重他们，却从来不曾真正思考过——只有自己的世界观和这个真实世界的底层逻辑相契合，才能真正地顺势而为，心想事成。

你为什么要变成超现实主义者呢？这是因为，人生中最重要的事情是理解现实世界如何运行，以及如何应对现实。你只有正视现实，才能摒弃妄想，真正地解决当下的问题和未来的难题。

你要想成为一个为自己负责的超现实主义者，就要学会以下几点：

（1）理解现实。你要搜集现实中有助于发现真相的一切资料。

（2）拥抱真相。你要敢于接受真相，即便真相与你期望的不一致，你也不能抗拒现实。

（3）开放大脑。在接受了现实后，你要深入思考，审视别人不同的意见。

（4）表达自我。你要勇于把自己的想法和观念公开地表达出来，接受他人的质疑，也要敢于实践自己的想法，接受现实的检验。

（5）接受结果。不管你的决定带来的结果是什么，你都不要把得到不理想的结果归咎于外部原因，或者责怪别人，而要选择接受，因为你要为自己的决定负责，并承担相应的后果。

成功的理想主义者都是现实主义者，而且都是超现实主义者。他们了解自己的能力，知道自己能做什么、最适合做什么、局限性是什么，然后主动地选择为自己的行为负责，自洽于现实。

思维模式五：从内部而非外部定义成功

成功的定义是什么？

我曾经一度以为，有车有房，年薪百万，经常出国旅游，有钱买自己想要的东西，这样的人生才是成功的。可是，当30多岁，没车没房，也没有达到年薪百万的时候，我发现这种对人生成功的定义让我觉得自己很失败，变得自卑而消极。

这种成功的单一价值标准，会让我只去做赚钱这件事情，却从来不去问问自己内心真正想做的是什么。更严重的是，它让我的人生变得单调无趣，即使获得了物质上的满足，也无法填满内心的空洞。

我之所以开始写公众号文章，是因为听了一场名为"财富自由之路"的讲座，里面提到了通过打造内容产品来升级个人商业模式，从而实现财富自由，说白了，就是我去创作优秀的内容，然后用这些内容卖钱，并且不是卖一次，而是可以复制很多份卖出去，这样就可以一次性付出获得很多次回报。

我就是冲着财富自由去写公众号文章的，期望通过写作变现。我在一开始时是兴奋而激动的，感觉自己有了一个梦想，在不断写作的过程中，期望可以拥有很多粉丝，期望有足够的流量支撑我通过写作去做一些赚钱的事情，比如开设课程、出版书籍等。但是结果却并不如意，在大多数时候，我只是在默默地写作，不愿意接广告做推广赚钱，所以财富自由离我很远。与别的作者有几十万个，甚至上百万个粉丝相比，我的粉丝不多，与很多作者通过公众号赚取了可观的收入甚至全职写作相比，我并没有办法通过公众号写作支撑我的理想生活。很显然，通过外部的收入和流量衡量我写公众号文章这件事情，我是失败的，因为我在这些数据方面表现得非常糟糕。这也让我开始有了比较心，越来越关注所谓的阅读数和点赞数，想要得到更多人的认可，甚至想要尽快通过写作实现财富自由。

这种内心杂草丛生的状态持续了一两个月，这种想要获得外部所谓的成功的迫切感让我的生活多了焦虑和倦怠。这种欲望的背后，是与时间为敌，不是把做自己长期要做的事情当成一种享受，而是把做这件事情当成现在就要回报的工具。焦虑和倦怠的状态根本无法支撑我坚持写作，这种从外部定义成功的做法，让我痛苦不堪，也让我反思自己到底为什么要写作。

当开始从内部定义成功的时候，我释然了。我个人写作的成功，在于我的学习能力、思考能力、表达能力在这个过程中得到了切实的锻炼，并且我通过文字给一些和我一样的人提供了有价值的东西。这样对于成功的定义来自内在真正的需求和信念，是我自己可控的。当从内部定义成功的时候，我愿意与时间为友，能够从焦灼的状态中跳出来，重新回到积极生活的状态，一步一个脚印地坚持下去。

如果一个鸡蛋的蛋壳从外面裂开，它的生命就结束了。但是，如果一个鸡蛋的蛋壳从内部裂开，就意味着新的生命破壳而出。伟大的事物都是由内而外产生的。

不管处于人生的哪个阶段，你需要做的都是让自己的内心积蓄力量，从内部定义自己，定义未来，定义成功，并最终成为你自己。外部的精彩终究只是过眼云烟，而只有内部所赋予的人生意义，才会跨越时空，历久弥新。

当下和未来会发生什么？这很难预测，但你唯一可以做的是，抱持以下能够让你经受住当下和未来考验的思维模式，从而更自洽地面对生活：

- 接受世界的不确定性，由定生慧。
- 多视角地看问题，摆脱情绪的束缚。
- 躬身入局，积极行动，从危机中发现机遇。
- 为自己负责，成为一个超现实主义者。
- 从内部而非外部定义成功。

这五大思维模式，是重塑内心自洽的利器，能够让你无惧一路上出现的困扰和焦虑，从底层逻辑上解决问题，探索自身。在人生漫长的日子里，你要时常留意自己惯有的思维模式，审视它，打磨它，去伪存真。因为你的思维模式、你的认知、你的行动，本身就是当下和未来最大的变量，同时也是你手里最大的筹码。

行动篇

人生需要事上练

间歇性自律、持续性懒散，
你到底做错了什么

　　我们都知道正确的事要重复做，可是很少有人能踏踏实实静下心来干点事。成长并没有捷径和秘诀，无非是比别人多一点儿坚持，多一点儿努力，多做点反人性的事，即使这些大道理我们都懂，但真正愿意持续地付诸实践的人也少之又少。

　　说好了要减肥，却总是抽不出时间来健身；说好了要早起，却总是在闹铃响过之后继续呼呼大睡；说好了自学课程，却总是在晚上花大量的时间刷微博，玩游戏。

　　我们都明白，自律 = 自由，为了获得真正的自由，就得给自己设定一些限制，自律起来。事实却常常相反，我们越想要自律，越求而不得，那到底做错了什么呢?

意志力式的坚持，不靠谱

我相信，很多人都有过给自己"打鸡血"的经历，在某个消沉的瞬间，在某个忍无可忍的时刻，冲着生活大吼大叫，心里默念着努力奋斗，未料仅仅坚持了几天，便放弃了，生活一如既往地慵懒，得过且过。你以为逼一下自己，再逼一下自己，就可以过上持续性自律的生活，但往往事与愿违，惨败收场，以致在后来很长的一段时间里，你对自律这个词都有一种厌烦心理，坚持的勇气和信仰早已"碎"了一地。

事实上，很多人的问题在于短时间内用力过猛，总是希望通过强大的意志力来维持长期的坚持。

也许存在这样的人，每天早上 5 点醒来，每顿饭都吃清淡无油的简餐，每天下午还要去健身房锻炼两小时，他们的内心中似乎有一个永不满足的恶魔驱使他们像奴隶一样去做那些正确而有价值的事。如果你真的见过生活如此自律的人，那么会发现另一个事实：他们非常享受这样的生活方式。对于他们来说，做这些事其实毫不费力，无须所谓的坚持，更不需要极强的意志力，他们在做这些事的时候内心极其自洽，毫无内耗。

想要通过意志力来达到自律，强迫自己、倒逼自己形成一种自律的生活方式，往往是行不通的。实际上，还会适得其反，正如任何曾经尝试节食的人都会告诉你的那样，这种强制性的自我约束只会使情况变得更糟。

意志力就像一块肌肉一样，如果你用力过猛，它就会变得疲倦，力量越来越弱。比如，你想养成新的饮食习惯或执行新的锻炼方案。第一周，一切看起来都不错，但是到了第二周或第三周，你又回到了从前懒散、没有节制的生活模式。你的意志力资源有限，要维持长期的自我约束，就要让意志力得到长期的锻炼，能够稳定、可持续地维持在很高的水平。

这时，如果从意志力的角度去看自律，你就遇到了一个类似于"鸡生蛋，蛋生鸡"的难题——为了强化意志力，你需要长期的自律；为了自律，你又需要很强的意志力。

那到底是先锻炼意志力，还是先自律呢？你该从何开始？两者之间互相矛盾。用意志力来驱动自律就会产生这样的悖论，因为任何一种可持续的自律模式，从来都不能简单地依赖于一个人的意志力。

如果做一件事需要依靠你的意志力硬扛，需要你不停地暗示自己"努力坚持"，那么你往往坚持不了多久。因为你需要费劲地坚持，本身就说明你不太愿意做这件事。对于做一件你喜欢做、擅长做的事，你的大脑里根本就不会出现"努力坚持"这四个字，因为你每天都会乐此不疲地做这件事。

你要追求的不是自律，而是自驱

人本来就有趋利避害的本性，喜欢做让自己感觉良好的事，不喜欢做让自己感觉糟糕的事。当要利用意志力来做一件事的时候，你就暂时违背了人的本性，远离了那些感觉舒适、美好的事，去做那些感到不适但却正确的事情。

这种理念所带来的一种策略就是——自律 = 自我压抑。

这种策略希望你通过否定自己的情感和欲望来实现自我约束，但这种否定内心真实情感和欲望的做法，显然行不通，因为意志力资源有限，人的本能过于强大，你很容易被内在糟糕的感受所影响，进而停止去做一件事。

比如，你知道读书很重要，也希望自己像那些优秀的人那样每天都能大量阅读，所以你逼着自己不看微博，不看朋友圈，减少和朋友的社交，晚上把自己关在屋子里看书。可是一整晚你并没有专注地阅读，反而内心中有着挣扎，无法静下心来，结果第二天你不仅没有继续阅读，而且用手机聊天聊到了半夜。

很多人追求自律，其实是想通过压制情感来凸显理性，想通过否定自身欲望来锻炼意志力，这让他们胆战心惊、小心翼翼，甚至开始变得自我厌恶，对自己的欲望感到恐惧，自我否定，这样不仅让他们严重内耗不自洽，而且无法发掘真正的潜能。

事实上，让你坚持下去的不是某个理性的想法，而是内在的某种真实的感觉。

职业跑者坚持跑步，是因为他必须靠这项技能吃饭，如果不每天坚持跑步，就会失业，就会存在生存的问题，他的内心中有关生存的恐惧感驱动着他坚持跑步。村上春树 29 岁时开始写小说，33 岁时开始跑步，因为他知道成为小说家是他的人生目标，为了完成这个目标，他需要健康的体魄，所以要成为小说家的那种欲望驱使着他开始跑步，每天跑 10 公里，一跑就是 40 年。坚持跑步就是一种自律，在职业跑者和村上春树的眼里，自律是被内心的欲望和感受驱动的。

理性思考可以影响你的选择，但最终，你的内在的真实感受才真正决定了你会去做什么。真正让一个人持续地做一件事的不是自律，而是自驱。所谓自驱，就是你顺应了内心的某种真实的感受，然后让那种感受来引导你去做那些对你来说正确的事。

比如，健身这件事，除非去健身房让你感觉良好，否则你将失去动力和意志力，并最终停止健身；你可以戒酒一天或者一周，除非感受到了不喝酒的好处和酗酒的罪恶，否则你最终还是会回到喝酒的习惯里。

最后的结论就是，自我约束不是基于压抑自我的感受，而是基于接纳自我的感受。任何真正有效的自律方法都必须与你的情绪和感受相配合，而不是与之抗衡，否则只会事倍功半。

假设你现在正在尝试减肥，可是每天都想吃一个冰激凌。你知道这是不好的，但却没法控制自己。你为此讨厌自己，每次吃完冰激凌都会有一种罪恶感，压力非常大。如果你想真正地实现自我驱动，要做的第一步就是接受自己沉迷于甜食，接受自己是个"吃货"，其实每个人都有无法控制的冲动，你不必为此感到罪恶，不需要否定自己的欲望，可以回避来自外在的各种劝诫，更重要的是要停止内心的自我评判——我不够好、我很丑、我不值得被爱、我会被人看不起等。

一旦你放弃了对自己苛刻的信念，承认了自己的欲望，将情绪与道德评判脱钩，便开始了自我接纳，这时就有了新的视角——没什么大不了的，突然之间，那些冰激凌显得毫无意义。你不再为难自己，惩罚自己，相反，你喜欢自己，因此想要照顾好自己，更重要的是，照顾好自己让你感觉很好。更令人难以置信的是，冰激凌不再让人感觉很好，相反，它有时候让你感到不适和腹胀，这让你觉得冰激凌并没有那么美味。

自我接纳引发的思维转变，会让人产生一种自驱力，这种自驱力来自你的内心的自洽。这股自洽力会让你的坚持毫不费力，甚至自得其乐。从长远来看，基于克己的自律是无法维持的，只会滋生更大的内心反抗，并最终导致"摆烂"甚至放弃。

一个人在生活里要追求的不是自律，而是自驱。你早起，是因为早起让你感觉自己是一个积极向上的人；你运动，是因为运动让你感觉自己是一个有活力、自信的人；你读书，是因为阅读让你感觉自己一直在成长，非常充实。

只有当开始自我接纳，接受自己的欲望，然后从心底愿意自我负责的时候，你才会有足够的动力去改变自己的坏习惯，持续做那些有益于你的人生的事。

让自驱成为你的生活方式

每个人都有自己的生活方式，而所谓的生活方式，就应该是可持续的毫不费力的。如果你把每一次健身都当作一个艰巨任务，每一次吃饭都要纠结半天精挑细选，那么围绕健身和健康饮食的生活方式对你而言，就不可能是持续的。

与我们常常提到的克己式自律相比，自驱才是一种更有意义的生活方式，它会为你的生活源源不断地提供前进的动力。当你做到自我接纳的时候，外界的评判才不会影响你，你才有机会开启自驱模式，去深究自己内心的真正需求："我到底想要什么？"

我们的大脑有一个"奖赏中枢"，它负责分泌多巴胺这种神经递质。赢得比赛，获得满足感，获得认同和尊重，所有这些奖赏性体验都会让大脑分泌更高水平的多巴胺。相应地，较低的多巴胺水平则与较低的驱动力，较弱的努力程度和无趣的体验有关。

研究压力的著名学者罗伯特·萨波斯基说："多巴胺更关乎渴望，而非获得"，多巴胺是产生驱动力的关键。

当在生活中更多地通过压抑自己的渴望来做一件事时，你其实让自己处于长期的压力之中，随着时间的推移，多巴胺水平会逐渐下降，持续做某件事的动力就会不足。当真正自我接纳的时候，你才有可能从焦虑和压力中解脱出来，让大脑分泌更多的多巴胺，并且进入一种"默认模式网络"（default mode network），这才有助于你持续地做一些艰难但是正确的事。

"默认模式网络"是神经科学家马库斯·雷切尔在一项研究中披露的，这时的大脑处于闲置的状态，什么都不做，这个网络消耗了大脑所用能量的 60%～80%，它是一个用于自我反思及反思他人的静息状态系统，可以帮助大脑恢复活力，更深刻地看待事物，处理复杂的思绪。它允许你组织自己的想法，还让你有机会与自己对话，创造性地解决问题。

所以，你要先自我接纳，然后才能达到自我驱动，因为你只有接纳了现在不那么完美的自己，才愿意心平气和地正视自己的欲望，然后定义出什么是自己真正渴求的。

比如，你现在很胖，非常想瘦，但是不像以前那样否定自己爱吃不爱运动，而是接受自己就是个好吃懒做的人，那么心里就会释然，不会逼着自己节食和运动，会想一想自己到底为什么要瘦下来，是自己想要更健康、更自信，还是因为别人觉得你很胖？当想清楚了自己为什么要瘦下来时，你才会很自然地、主动地做一些有益于瘦下来的事，因为你的内心真正认可你要做的事，这给了你好的感受，并以此驱动你持续地做。

所以，你要让自驱成为一种生活方式，需要在生活中实践下面几步。

第一步，接受你的糟糕表现。

你必须接受自己有这样或那样不好的表现，接受自己总是很放纵，但承认这些并不意味着你一无是处。我们都会屈服于某种形式的放纵，都会感到羞耻，都会有无法控制自己冲动的时候。

你只要接受了自己，就不会有那么多负面的感受和情绪，也不会被自己和周围的评判所束缚。也正因为你接受了自己，所以才会有勇气诚实地面对自己和这个世界。

第二步，明确自己内心的渴求。

在接受了你的糟糕表现之后，你会有更多精力进入"默认模式网络"，思考自己面对这样的表现是否要做出改变，以及为什么要做出改变。

你只有真正地发掘出内心的真实渴求，才能毫不费力地坚持。有朋友赞赏我的画，说我画得很好。可是我心里非常清楚，我画画的水平还只是初级水平。我持续画画是因为我想成为有趣、认真的人，一方面我可以从画画中获得乐趣，另一方面画画可以提升我的专注力。如果我不喜欢画画，而只是为了让自己不刷手机、不玩游戏，或者通过画画获得别人的认可，就很难坚持下去，更不可能乐此不疲了。

当不再依赖于意志力，不再追求所谓的克己式自律，而是开启一种自我驱动式的自律模式去做一件事时，你就会找到属于你的生活节奏。那种自我驱动式的自律模式，并没有减轻你做事的痛苦，也没有让做事变得简单、快乐，不是这样的。痛苦仍然存在，只是经历痛苦现在变得有意义了，有目的和价值，这让一切变得不一样了。你不是在与痛苦抗争，而是苦中作乐。你不是回避痛苦，而是主动追求和承受做一件事的痛苦。只有这样的自驱式自律，才会让你日复一日地努力，年复一年地坚持。

自驱型的生活方式，带来的是渐变，而不是突变。它会让你从一个点开始变化，然后以点带面，以面带体地实现生活的整体变化。最终，从外部看，别人看到的是你极为强大的自控力和意志力，但对你而言，自律，不过就是内心明朗之后的顺势而为。

做事没有动力，你该怎么办

你做不好一件事情的最大的问题是，没有动力去做。你可能有过这样的经历，不到最后一刻，绝不愿意主动去做那些重要的事情，以至于在匆匆忙忙中把事情办得差强人意。动力就像一只难以驯服的怪兽。有时候，你很容易受到激励，感觉自己充满了力量，膨胀得像个气球；但也有时候，你不知道如何激励自己，内心似一潭死水，毫无波澜。

要想把一件事情做成，强大的动力会让你事半功倍。反之，如果动力不足，你的内心就只会滋生纠结、犹豫，以至于把该做的事情一推再推。

什么是动力

动力到底是什么呢？

史蒂文·普雷斯菲尔德的著作《艺术之战》中有这样一句话，我认为这是动力的核心——在某些时候，不这样做的痛苦大于这样做的痛苦。

换句话说，在某些时候，"保持不变"要比"做出改变"让人感到更痛苦。与忍受别人对自己肥胖的嘲笑和嫌弃相比，去健身房锻炼让人感觉没那么痛苦；与马上没钱吃饭、租房相比，硬着头皮给客户打电话没那么痛苦。很多时候，当不这样做的痛苦与日俱增时，你就会渐渐有动力去做那件事情，因为人有规避痛苦的本能，这就是动力的本质。

每种选择都有代价，但是当能够感受强烈动机带来的动力时，你就愿意忍受行动带来的不适感，因为不这样做会让你更痛苦、更难受。这时，痛苦就超过了你能够忍受的心理极限。这通常发生在你已经拖延了几周面对最后期限时，因为你强烈地感受到了不去做比实际去做更痛苦。

现在有一个重要的问题是，你应该怎么做才能使自己更有可能越过这一精神门槛并持续地受到激励呢？

在过去的几年里，我一直在自我成长的领域探索，接触过很多概念和想法，创造过很多自己的理念和灵感，其中对我而言最重要的一个想法是，行动不仅是动力的果，也是动力的因。

很多人只有有很强的动力才会采取行动，而感受到动力往往在受到情绪刺激的那一刻。你可能只有在担心不能毕业时，才有动力写论文；你可能只有在被查出身体出现了问题，恐惧死亡时，才有动力养生；你可能只有在受到其他人的鼓舞时，才愿意着手去做一些事情。可是在此之前，你可能不会有动力去做那些本该做的事情。你对设定的目标无动于衷，是因为缺乏动力，而缺乏动力，是因为没有任何情绪和感受驱动你完成某件事情。这时，你的心智框架是这样的：

情绪和感受→动力→行动

但是，这种心智框架之下的行动存在一个严重的问题——你的一生中最需要的改变和行动，往往是因为受到了负面情绪和感受的激发，但是负面情绪和感受却同时也阻碍了你采取行动。

如果你与家人的关系紧张，那么在家庭关系紧张下的负面情绪和感受（愤怒、怨恨、对抗等）将让你不愿意聆听家人的真实想法，更不会和家人坦诚沟通。如果你因为肥胖想要健身，但却对自己的身体感到自卑，去健身房的举动就很容易激发内心的负面情绪和感受，最终反而会选择继续宅在家里。那些内心的负面感受、消极想法，常常会让你放弃行动，以至于你被自带的负罪感、羞耻感和恐惧感所束缚，无法行动。

那动力到底是如何运作的呢？关于动力的心智框架其实是一

个无休止的循环：

情绪和感受→动力→行动→情绪和感受→

动力→行动→情绪和感受……

你的行动会进一步产生情绪和感受，然后继续激励你采取进一步的行动。我们有普遍的误解，认为动力是先于行动产生的，我们的动力或来自周围的鼓励，或来自励志书籍的鼓舞。但事实上关于"动力"最令人惊讶的事情之一，是它通常是在开始行动之后产生的，而不是在行动开始之前产生的。只要你开始行动，即使非常小的行动，也会激发你的思维里积极和创造性的那一面，让你自然持续地产生动力。我将其称为"生产力第一定律"，因为它就像把牛顿第一定律运用到了习惯养成：一切物体在不受外力的作用时，总保持静止状态或匀速直线运动状态。换句话说，一旦任务开始，继续行动下去就变得更加容易。

一旦开始行动，你就不需要太多动力。在一项任务中，几乎所有的阻力都在开始时，只要你开始行动了，进度就会自然而然地推进。换句话说，完成一项任务通常比开始一项任务要容易得多。因此，激发动力的关键之一就是使其易于上手。

一个简单的原则：做点小事

基于动力产生的"生产力第一定律"，你可以为自己塑造一个全新的心智框架：

行动→情绪和感受→动力

借助这个心智框架，我们得出以下结论：如果在你的生活里，缺乏做出重大改变的动力，就主动做点什么，任何力所能及的小事都可以。然后，你可以把做好这件小事所获得的成就感，作为激励自己行动的一种动力。

许多人之所以挣扎于寻找实现目标所需的动力，是因为把时间和精力花在了错误的地方一直不去行动却希望动力从天而降。

迈出第一步，去做点小事，这是一种简单的实用主义。你没有期待，没有压力，也不会失去什么，只是去做点力所能及的小事，仅此而已。如果你按照这个建议去行动，就会发现，一旦做了某件事，即使是最微小的行动，也会很快得到一些启发和动力去做别的事。因为你一旦开始做那件小事并且把它做好了，就会相信自己可以做得更多，做得更好。然后，你就可以慢慢地从那里开始一点点行动起来。

这些年来，我也在自己的生活里遵循着"做点小事"这个原则。最明显的例子就是我运营"自言稚语"这个公众号。我完全为自己工作，没有老板告诉我该做什么、不该做什么。我并不是一个天赋异禀、遣词造句信手拈来的人，反而在很多时候非常不安，对选题冥思苦想，内心充斥着对写作素材和写作能力的怀疑与不确定感，而且当没有人在身边逼我时，周末坐在电脑前上网和看电视剧可以迅速成为更具吸引力的选择。

在刚开始时，我常常把写作这件事推迟到发文章的最后一刻。每周的周末我都处于前半段焦虑后半段赶工的状态，事总是被拖延。我很快发现，这个时候停滞下来毫无益处，还不如去做点小事，随便做点什么，而不是想着去完成一个艰巨的任务。如果我必须在今天写完一篇文章，就会强迫自己坐下来，然后说："好，我现在就设计一个标题吧。"随着我想好了一个标题，我会发现自己可以很快地联想到写作的其他部分，一些点子在"做点小事"的启动下慢慢冒出来，然后我就会充满动力地整理出文章的框架，搜集到合适的素材，在不知不觉中就真的沉浸到写作这件事里。

有时候，我也会因为工作上的压力而烦躁，什么都不想干，安排好的计划也很容易被丢弃。但是有了"做点小事"的原则，当郁闷、焦虑时，我会主动地找点事干。比如，把整间屋子都整理一下，坐下来把制订好的计划重新抄写一遍，甚至打开电脑整理一下屏幕上的文件夹也可以让心绪平静。渐渐地，我恢复了活力，不再被内心的恐惧和抗拒所束缚，内在驱动力会自然而然地出现。

做点小事，不局限于做一些琐事，也包括换一个角度思考问题，换一种认知方式看待世界，这些都会给你的生活带来积极的变化。

有人曾说，如果你不知道如何解决问题，就写一些东西，你的大脑会随着时间的流逝解决它。我认为这句话是对的，做点小事这个行动本身会激发新的思想和观念，使我能够解决生活中的问题，但是如果我只是静静地思考它，那么新的见识和火花就永远不会出现。

做点小事，虽然微不足道，但是每个人都能够轻而易举地行动，这是一种非常实用的塑造思维方式和行为习惯的原则，可以让你更容易地完成一件事。

人生的自我决定理论

前面谈到了动力，有外部环境带来的动力（比如你根本就不喜欢这份工作，但为了高薪你还是做了），也有内在本身激发的动力（比如你热爱画画，所以可以持续地精进绘画能力，不为赚钱，不为"攒粉"）。

你做事的动力可以分为内在动力和外在动力。内在动力就像你的身体里有一个发动机，给你源源不断地提供动力，激励你去做一件事。外在动力却相反，是由外部环境来激发你做事的动力，你的身体内部是缺乏动力的。

一个人做事最好的状态，一定是内部有发动机。依赖于外在激励来提供动力有很大的风险，因为只要激励停止，你很快就会失去动力，逐渐放弃行动。

内在动力从哪里来呢？《内在动机：自主掌控人生的力量》

的作者罗切斯特大学社会科学心理学教授爱德华·L.德西和同校的另一位心理学教授理查德·瑞安于 20 世纪 80 年代共同提出了自我决定理论（Self-determination Theory）。这是目前人类动力领域最有影响力的理论。

自我决定理论提供了研究人类动力的框架，假设了所有人都试图满足三种需求。

（1）自主感。自主感指的是一个人可以依据自己的原则或优先次序独立决定做什么、怎么做，所有的选择和行动都是自发的。它让你感觉自己有人生的自主权。

（2）胜任感。胜任感指的是一个人相信自己有能力完成一件事。它让你体验到做事游刃有余，让你感受到与周围的人、事、物有着良性互动的感觉。

（3）联结感。联结感指的是一个人的关系需求。它让你感觉到自己和他人是存在情感联系的，你被这个世界需要，同时你也在意他人，有了联系，就有了归属感。

自我决定理论关注个体在没有外部影响和干扰的情况下做出选择的动力。自我决定理论认为，当以上三种需求被满足时，外在动力会向内在动力转化，反之，如果以上三种需求没有得到满足，特别是自主感没有得到满足，那么内在动力就会被削弱甚至消失。

爱德华·L.德西讲过这样一个经典的案例：一群小孩在一个老人的家门口玩耍，嬉戏声不断，老人不堪其扰。于是，老人想了个主意，给每个小孩 10 美分，对他们说："你们让这里变得很热闹，我觉得自己年轻了不少，给你这点钱以表谢意。"孩子们很高兴，第二天仍然过来，一如既往地大声喧哗嬉闹。老人又出来给了每个小孩 5 美分，并解释说自己没有收入，只能少给一点儿。5 美分对于这群小孩来说也不算少，所以他们仍然很高兴。第三天，老人只给了每个小孩 2 美分。孩子们很生气，说："一天才给 2 美分，你知道不知道我们多辛苦！"他们对老人发誓，再也不为他玩了。

在这个故事里，老人的办法很简单。他将孩子们的内在动力（"为自己快乐而玩"）转变成了外在动力（"为得到钱而玩"）。他利用金钱这个外部因素成功地操纵了孩子们的行为。在孩子们受到金钱的影响，自主感受到削弱之后，他们的内在动力就会减小甚至外化，就失去了内在力量，一旦外在力量抽离，他们就无法再持续做原本要做的事。

自我决定理论鼓励大家做内在动力驱动的人，而非被外在动力裹挟前行的人。所以，在日常生活里，你常常需要审视当下所做的事到底是否满足个人对自主感、胜任感和联结感的需求，如果它们都被满足，那么说明你有足够的内在动力驱动自己持续地做这件事。如果它们没有被满足，那么你要思考到底哪个方面的需求没有被满足、是否可以做出调整或者改变让这个方面的需求被满足。

我在刚开始工作时参与了一个项目，项目主管在和团队第一次开会时，不是给自己树立威信，而是问大家"怎样可以让我们快乐地工作？"这种问题拉近了大家和他的距离，满足了团队成员的联结感。然后，他又根据大家的特点和优势分别确定好每个人在团队中的位置，让大家感受到自己对工作的胜任感。最后，他说团队中的每个人都可以自由地工作，不限形式和方法，以结果为最终导向，共同努力完成工作，这其实就是在强调大家拥有工作的自主权。

那个主管使用的这些策略都是在激发团队的内在动力，所以与其他团队冲突不断、管理混乱相比，我们团队不仅工作氛围轻松愉快，而且工作成果也很突出，在年终被评为最佳团队。

动力比能力和才华更重要，因为有能力和才华的人很多，但"动力"强的人并不多。换个角度来看，在工作和生活中，你如果总能感受到自主感、胜任感和联结感，那么个人幸福感也会油然而生，这是自我决定理论从人类动力层面对幸福来源的解读。

所以，在日常生活中，不管做什么事情，你都要主动发现做这件事情的价值。这样你就会感觉到，这件事情是由你本人选择做的，因此能够体验到自主感。当确实把这件事情做成了时，你就会体验到胜任感。如果你做的事情不仅与你有关，而且能帮助别人，服务于社会，就会让你体验到与他人的联结感。当这三种感觉都存在于你所做的事情时，你的内在动力就是充足的，它可以帮助你积极、持续地做一件事情，让你找到更多自己喜欢做的事情，而在做自己喜欢做的事情时，你就会很幸福、很快乐。

寻找做事情背后的意义感

有的人努力工作为家庭付出，苦累是常态，但是他依然能挺下来；有的人在下班回家后不打游戏，不看电视剧，而是去咖啡馆学习；有的人不再赖床，而是一大早起来跑步……这些人不是不喜欢做一些轻松、有趣的事情，而是为自己所做的事情赋予了非凡的意义。

人类对意义天生有强烈的需求，换句话说，人类根本无法忍受无意义。古希腊神话里西西弗斯受到的惩罚是，要把石头推上山顶，但每次石头被推上山顶后都会滚下来，西西弗斯就在这种重复的劳作中消耗生命，陷入彻底的无意义中，这是希腊众神认为的最严厉的惩罚。

《活出生命的意义》这本书的作者维克多·弗兰克尔是一名心理医生，他认为人生最重要的是发现生命的意义。

他在年轻时和家人一起被抓入纳粹集中营，每天都被迫做高强度的体力劳动，还要时刻担心被送进毒气室。在这种极端的环境下，很多犯人在劳动时特别卖力、特别认真，因为工作成了他们活着的唯一意义，突然某天不工作了，他们内心的恐惧将会让他们活不下去。弗兰克尔也深知在这种极端的环境下，生存的唯一方法就是找到生命的意义。所以，在被纳粹囚禁期间，面对苦难和折磨，他选择了忍受并且积极地应对，从苦难中找到了生活希望他履行的责任——把监狱生活当作一个从事学术活动的良机，可以研究人们在极端恐怖环境中的变化。

有了这样一种思维和选择的转变，弗兰克尔不仅和狱友分享他的研究成果，帮助其他人在苦难中找到生命的意义，寻回自尊，并且还设想，如果能活着出狱，那么该如何把这些知识分享给集中营外的人。最终，他不仅正确地回应了生活给他出的难题，而且自创了一套心理学疗法，成为享有盛誉的存在分析学说的领袖。

当找到了做一件事情背后的意义时，你就会有强大的动力把这件事情做好，因为你会有明确而具体的目标，也更懂得取舍，舍弃那些看似美好的诱惑，转而淡定地等待最符合自己期望的机会出现。

比如，我在认真审视写作这件事情后，很快将它纳入了自己的人生清单之中。写作之于我的意义是，能够让我持续地巩固我的成长知识，让我能够通过文字影响别人，给别人的人生提供价值。这个意义，只要想一想，都足够让我兴奋。所以，我可以在忙于写作时，拒绝朋友的娱乐邀约，也可以在被人指出问题时，立马推倒重来。因为明确了写作的重要性，所以我愿意大量地阅读，进行知识输入。更关键的是，我愿意把写作融入生活中，形成一个良好的输出习惯。正因为给写作赋予了意义，所以我有动力持续地在公众号上更新文章。

发掘做一件事情背后的意义，可以激活你的内在动力，让你主动持久地做这件事情。所以，当没有动力做一件事情时，你可以问一问自己：

（1）可以给做这件事情赋予什么样的意义呢？

（2）如果不做这件事情，那么会有哪些负面意义呢？

当罗列出来的意义越多时，你就越明确做这件事情对你的重要性。这时，你的大脑里对做这件事情就不存在所谓的坚持或者努力，你会开始享受做这件事情，因为做这件事情背后的意义让你兴奋甚至急不可待。

让例行行动成为习惯

任何例行行动成了习惯，都会变得毫不费力。所以，一个长期保持动力的方法，就是把例行行动转化成习惯。你可以采取以下三个简单的步骤使例行行动成为习惯。

步骤1：良好的仪式往往都非常简单，以至于你无法拒绝。

任何良好的仪式的关键在于，你无须想下面这些问题——

● 应该先做什么？

● 什么时候开始做？

● 应该怎么做？

大多数人停滞不前，往往是因为他们无法决定如何开始。只有开始的行动既简单又自动化，你才会迅速地进入完成任务的状态里。

特怀拉·萨普被认为是现代最伟大的舞蹈家之一。她在畅销书《创造性的习惯》中讨论了仪式在成功中所扮演的角色："我以一种仪式开始我的每一天。我在早上 5:30 醒来，穿上运动服、保暖腿套、运动衫，戴上帽子。我走到曼哈顿的家门口，叫了出租车，叫司机带我去第一大街的体育馆，在那里锻炼两个小时。我的仪式不是每天早上在健身房锻炼身体时进行拉伸和重量训练，而是叫出租车。在告诉司机要去哪里的那一刻，我就已经完成了仪式。这是一个简单的动作，但是我每天早晨都以相同的方式习惯它，使它变得可重复且易于执行。"

我不需要任何动力就可以开始仪式。比如，我的写作从喝一杯水开始，我的健身从穿跑鞋开始。这些任务非常简单，我无法拒绝。任何任务中最重要的部分就是开始。

如果你希望通过仪式和例行行动来激发动力，那么可以参考以下示例：

- 进行一样的锻炼：在健身房中使用相同的热身程序。

- 变得更有创造力：在开始创作或思考方案之前，先把桌面整理好。

- 从无压力的每一天开始：创建一个五分钟的早晨冥想仪式。

- 睡得更好：睡前使用"断电"程序——把手机、iPad 等电子产品关闭。

仪式之所以有力量，是因为它提供了一种无意识的方式来启动你的行动，使你更容易养成习惯。

步骤 2：你的例行行动应该使你朝着最终的目标迈进

缺乏精神动力通常与缺乏运动有关。你可以想象一下当感到沮丧、无聊或无动力时的身体状态，你更倾向于静止状态，更愿意慢慢地"融化"到沙发上。反之亦然，如果你的身体参与运动，那么你很可能感到精神投入和精力充沛。比如，你在跳舞时，总会感到清醒和充满活力。

你的例行行动应该尽可能容易地开始，并且应该逐渐过渡为越来越多的与你的目标相关的行动，而你的动力将随着你的行动而增强。如果你的目标是写作，那么你的例行行动应该使你更接近写作行动，比如给自己倒杯咖啡坐在电脑前。

步骤 3：你的例行行动都应该遵循相同的模式

如果你的例行行动的执行步骤每天都不一样，那么你很难真正地把例行行动内化成自动化模式。

只有例行行动遵循了相同的模式，你才会日复一日地重复，以至于在你的大脑里形成稳固的神经模式，为后续行动发生提供指引。最终，该例行行动与你的表现紧密相关，以至于只需要执行该例行行动，你就会陷入准备执行的精神状态。你不需要知道如何寻找动力，只需要开始日常工作即可。

这一步很重要，因为当没有动力时，你往往会花费很多时间来弄清楚下一步应该做什么。这时，你需要思考，需要做决策，这些苦差事会让你选择放弃或者拖延。例行行动则可以解决该问题，因为你确切地知道下一步该怎么做，不用辨别或决策。你只需要遵循相同的模式，重复一样的仪式即可。

最后，总结一下，要想持续、有动力地做一件事情，你可以参考以下几点：

（1）发掘自己的内在动力，让自己做点小事来开始做这件事情。

（2）通过自我决定理论，让做这件事情产生自主感、胜任感和联结感。

（3）给做这件事情赋予尽可能多的意义。

（4）建立做事情的仪式感，让例行行动成为习惯。

在不确定的世界里追寻概率的提高

前面谈到了生活的无常，你会发现周围发生的任何一件事都不是确定的。你在路上遇到朋友，他是你确定会遇到的人吗？考试考了满分，这是你的学习生涯里确定会发生的吗？投资股票赚钱，把钱投进股市之前你确定会盈利吗？

我相信你内心的答案肯定是不确定。这就对了，因为人类认知里的"确定论"时代已经过去，而量子理论告诉我们，很多事情的发生，与因果无关，只是概率。不确定性就是这个世界的本质，就像上帝掷骰子，人的一生也是一个随机的过程。

你无法给自己画一条确定的人生轨迹，除了死亡终点，轨迹上的其他所有关键点都充满了不确定性，就连你的出生，都是一个卵子和一个精子的偶然结合。所以，即使是同样的机会，摆在不同的人的面前，也会因为对不确定性的理解不同而出现全然不同的选择。

让我们一起来做这样一道选择题：假设你的面前有两个按钮。如果你按下第一个按钮，那么会获得 100 万美元；如果你按下第二个按钮，那么有一半机会获得 1 亿美元，但还有一半机会什么都得不到。这两个按钮只能选一个，你会选哪个？

我相信大部分人会选择获得 100 万美元，因为这本来就是飞来横财，拿了落袋为安。在他们的眼里，按下另一个按钮的结果太不确定了，万一按下去，什么都得不到，肯定会特别懊悔和心疼。对于这类人而言，他们追寻的是人生的确定性。

当然，也有少部分人会选择按下第二个按钮，这种人的风险偏好比较大，愿意赌一把，反正这是飞来横财。

事实上，这道选择题有一个赢面更大的答案。

按下第二个按钮有 50%的机会获得 1 亿美元，那么按照概率，这个按钮的选择权价值 5000 万美元（1 亿美元×50%）。如果你承受不了什么都得不到的损失，就可以把这个价值 5000 万美元的机会卖给一个有能力赌的人，比如以 2000 万美元（低于 5000 万美元）卖给他。对于你而言，你获得了确定的 2000 万美元，而对于买的人来说，他的期望收益是 5000 - 2000 = 3000 万美元。这个答案里的策略可以让你获得比确定的 100 万美元更大的收益，增加了赢的概率。

人生在世，时时刻刻都面对各种各样的选择。每一次选择的背后，都有成与败的概率。有智慧的人，会直面不确定性，更重视概率性选择，他们不是更愿意赌，而是懂得跳出自己的直觉本能，基于"概率思维"追寻不确定世界里概率的提高。

概率思维：成功的运气

哥伦比亚商学院教授迈克尔·莫布森在《实力、运气与成功：斯坦福大学经济思维课》一书中提出了一个成功的公式：成功 = 运气 + 实力

你所经历的大部分事情都是实力加运气的组合，而判断一件事的成功是否更偏重实力有个简单的方法：问一问自己能不能故意输掉？

不过，根据科学家用计算机做过的模拟实验，假设天赋、努力和实力能决定 95% 的制胜概率，运气只占 5%，只要参与的人数足够多，最后胜出的，就是运气最好的，而不是实力最强的。在现实世界里，很多事情的发展是不可预测的，影响事情发展的不可控因素很多，这就使得运气好坏成为决定一个人能否成功的关键因素之一。

运气是什么？运气就是概率。比如你掷骰子，想要掷 6，而出现 6 的概率是 1/6，结果你第一次就掷出了 6，这就是运气好；某天你踩到了一块西瓜皮摔了一跤，这种概率虽然不高，但出现了，就是你倒霉，运气不好。

对你有利的概率是好运，而对你不利的概率就是霉运。所以，懂得"概率思维"很重要的一个标志就是，你对每件事情的发生都抱持不确定的信念，但却总是在自己可控的地方发力，提高好结果出现的概率。

举个例子，某一天你和朋友相约在武汉见面，但是你们决定做个游戏，不约定具体的地点，看看两个人能否在武汉的某个地方遇上。如果你和朋友什么都不想，只是随机地选择武汉的某个地点然后动身前往，那么在这种情况下，你们相遇的可能性是很随机的，概率会很小，因为武汉这个地方太大，可以选择的地点太多。如果你们对武汉比较熟悉，而且是校友，为了能顺利见面，就会思考选择哪个地点相遇的概率更大，并且基于对对方的了解，你们会去揣测对方最可能选在哪里见面。

由此可见，你其实在生活中都会有意无意地运用"概率思维"，而基于"概率思维"做出的决策和选择，虽然没有确定性，但是却能够提高成功的概率，降低不确定性对你的影响。那些真正聪明的人，往往更愿意从概率角度出发去思考，去选择。

比如，王兴知道自己做成了美团，是赶上了移动互联网时代，但基于"概率思维"，美团能够胜出，是因为以下几个原因：

- 在大城市竞争激烈，在三四线城市有更大的概率能胜出，所以选择先农村后城市的策略。

- 王兴本身就是连续创业者，之前创建过校内网、饭否网，因为一直在"牌桌"上，所以对互联网的认知大概率比别人更深刻。

● 狠抓服务品质和商家质量，更大概率地满足客户的需求。

这个世界是一个基于概率的随机性世界，你越能基于概率思维做决策，青睐你的好运就越有可能到来。扪心自问，你在做人生重大决策和选择的时候，想到过概率这件事吗？

真正的聪明人到底是如何决策的

任何一种选择都会产生一种结果，但是在你做出选择之前，结果是有各种可能性的，就像量子世界里的粒子，在你看到它之前，它可以是任何一种存在形式。真正有智慧的人，总会基于"概率思维"让收益最大化。

1. 关于投资

假设你有 1 万元存款，现在有以下几种投资方案，请问你会选择哪种投资方案呢？

● 有人加你微信，说要带着你炒 A 股，一个月让资金翻倍。

● 有人让你投资某只基金，年收益率是 30%。

● 有人建议你定投沪深 300EFT 指数基金，连续投资 10 年，年收益率是 10%。

　　大部分初次投资的人都希望自己一夜暴富，往往会选择第一种或第二种投资方案，但事实上，只有第三种投资方案才是靠谱的。因为资金翻倍或者年收益率是 30%在投资市场上都是小概率事情，连股神巴菲特的年复合收益率也不过 20%，凭什么你这样的"菜鸟"可以做到 30%甚至 100%呢？即使在某一次投资中你获得了超额收益，那也是偶尔的运气使然，如果你持续追求这种小概率事情，被"割韭菜"才是你真正的命运。

　　在投资的过程中，除了对事情发生概率的拿捏，期望收益也是你评估可能性的一个工具。

　　《黑天鹅：如何应对不可预知的未来》的作者纳西姆·尼古拉斯·塔勒布是一个名副其实的基金操盘手，早年就已经凭借交易实现财务自由。有一次在一个投资研讨会上，有个人问他："你觉得下周股市会怎么样？"塔勒布回答："我相信下周市场上涨的概率很高，上涨的概率大概是 70%。"

　　到了下周，那个人却发现塔勒布大量卖空标普 500 指数基金，所以就去质问塔勒布为什么要他。塔勒布解释说，确实有 70%的概率会涨，但涨幅可能只有 1%，而有 30%的概率会跌，所对应的跌幅却是 10%。

　　你可以简单地计算一下数学期望值：$70\% \times 1\% + 30\% \times (-10\%) = -2.3\%$。

　　卖空基金盈利的机会更大，所以塔勒布选择卖空标普 500 指数基金，而这是基于"期望值理论"做出的决策——期望值 = 概率×期望收益。当期望值大于 0 的时候，这就是一个值得投资的项目。

所以，你在决定投资的时候，需要考虑两个变量：概率和期望收益。概率和期望收益几乎是聪明的投资者使用频率最高的决策工具。

2. 关于创业

早期的创业项目的失败率很高。根据统计，只有 30%的初创公司能够活过 5 年，因此 VC（风险投资公司）投出的项目失败率可以说高得惊人。创业成功是小概率事情，失败是大概率事情。据研究，90%的司机觉得自己的开车水平比平均水平高，这种高估自己能力的想法，在创业圈子里尤甚。

市面上那些受众人追捧创业成功的大佬们，不过是"幸存者偏差"的体现，而他们背后成千上万个慢慢消失的创业者只是并不为人所知罢了。如果你看到别人创业成功，也急急忙忙地加入创业大军，那么并不会提高成功率。

既然创业是一个小概率成功、大概率失败的事情，那你是否要规避创业呢？我认为，你要规避的不是创业本身，而是毫无"概率思维"的无脑创业。创业其实是一个试错和求解的过程。你尝试解决市场上的一个问题，并且为此付出时间、精力和金钱。

首先，你要考虑的是，为什么需要你来解决那个问题？市场上是否已经有人给出了完美的解决方案？

　　前几年，有个朋友问我能不能找到人帮忙开发一个 App，因为他想创业，用一个专门的 App 来销售一个代理的品牌。说实话，我当时觉得他的创业想法很不靠谱，因为市场上已经有现成的电子商务解决方案了，比如天猫、京东等。他自己开发一个 App 来售卖东西，不如直接入驻天猫和京东开网店，它们不仅可以给他"引流"，而且可以让他节省很多运营成本。但他执意要找人开发自己的 App，结果可想而知，一年不到这件事情就黄了，而且他还背上了债务。

　　如果你的创业点子并没有真正地解决一个问题，或者在市场上有更优的解决方案，你就应该放弃这种小概率成功的创业。

　　其次，尽管创业成功率低，但是一旦你决定创业，就应该做一个连续创业者。一次创业成功的可能性很低，但是如果你一直在创业，并且在每次创业失败之后都能活下来，愿意反思，总结经验，那么往往能在下一次创业的过程中有更强的洞察力、更优质的人脉及更强的融资能力，这些都能够提高创业成功的概率。

　　如果创业是你的选择，你就要接受它是一件小概率成功的事情。真正可怕的不是事情的小概率，而是你不去追寻概率的提高，却甘于在原地踏步甚至后退。

3. 关于生活

　　你的生活充满了随机性，你遇到的朋友、同窗、伴侣等，事实上都是随机性使然，甚至一个人的生老病死，从概率的角度来看，其实都充满了不确定性。

有一对双胞胎，在2008年金融危机的时候一起大学毕业，一个人加入了互联网公司，另一个人进入了央企报社。10年后，去互联网公司的那位已经年薪百万，而且有很多猎头挖他；去报社的那位，因为传统媒体没落了，整个产业都在快速衰退，一家家报纸停刊，一切都需要重来。如果他们能在当年分析一下世界的发展趋势，也许能够做出更好的决策——选择在未来更有前景的职业，而不是固守于当下而言的优势职业。

所以，面对生活的不确定性，首先你要观察未来的趋势，以提高获得最优选择的概率。其次，你还要试着做一些正确的事情来对冲未来的风险，从而降低坏事情发生的概率。

举个例子，过去我对保险一直没有概念，甚至有一些错误的认知，感觉那是一场骗局。随着我对世界不确定性的认知增加，我深刻地意识到，一旦意外出现，就会给我的生活带来巨大的破坏。所以，我决定去买重疾险，就是因为我不知道坏事什么时候会发生，我要利用保险这个工具来对冲坏事情的影响。

在健康上，你不能保证自己永远不会生病，但是可以积极锻炼，养成健身的习惯，从而降低身体患病的概率；在学业上，你无法保证一定能上什么学校，但是只要愿意努力，就一定可以提高上好大学的概率；在爱情上，你不能确定一定能遇到谁，但是当不断进步、追求优秀时，就有底气遇到那个更好的人；在事业上，你不确定能否一帆风顺，但是越专注于工作成了专家，就越能在某个领域游刃有余。

在生活中，稳定从来不是常态，唯一不变的是变化。面对生活中的变化，真正聪明的人更愿意积极生活，努力专注于所做的事情，从而提高自己想要的人生出现的概率。

如何追寻概率的提高

既然不确定性就是世界的本质，那你该如何像有智慧的人那样追寻概率的提高呢？

1. 培养"二阶思维"

在生活中，很多人总倾向于看短期的结果，无法把问题放在更长的时间线上来思考。可是绝大多数时候，短期的结果未必能持久，甚至可能带来新的问题和烦恼。头痛医头，脚痛医脚，但是问题的根本却从来没有触及。

所谓"二阶思维"，就是遇事多想一步——

● 如果我这样做，会得到什么结果？
● 如果得到了这样的结果，随着时间的推移，在未来又会引发哪些新的结果和可能性？

当总是能够在一条更长的时间线上思考各种可能的结果时，

你就能够把问题考虑得更全面，考虑到更复杂、更长远的可能性，并据此做出选择和决策。

学会二阶思维，就是在提高决策有效性的概率。任何事情的结果往往都是不确定的，它的多种可能性需要一个人费力地思考，琢磨，这本身就非常反人性，但这也正是聪明和平庸之间的差别。你要接受这种不确定，然后利用"二阶思维"思考各种可能性，从而锻炼全面思考问题、解决问题的能力，提高好结果出现的概率。

2. 延长自己的故事线

如果你去澳门赌场赌博，基本上最终都会输光，因为赌场拥有的资金量远大于个人。如果彼此的输赢概率一样，那么在某个阶段，由于某种偶然性，你的钱全部输了，这场游戏就结束了；如果你的资金量和赌场一样，你就可以持续玩这个游戏，输掉的钱就有可能赢回来。

比如，你现在玩扔硬币游戏，一开始硬币落下后哪一面朝上是偶然的，有可能连续 10 次都是正面朝上的，但是只要你一直扔，扔 1000 次、10 000 次，正反面出现的次数就会越来越接近，最终统计出来的概率将接近 50%。从短期来看，结果充满了偶然，但是从长期来看，又呈现出了某种必然。

你的故事线很短，对方的故事线很长，那你的失败是必然的。所以，面对不确定性、偶然性可能导致的风险，你要通过延长自己的故事线来对冲，这样一个人的获胜概率就提高了。

有这样一个故事：

有个人从小就想拥有一架直升机。

好消息是，他实现了这个愿望，有一天拥有了自己的直升机。

坏消息是，当他第一次飞行的时候，飞机出了故障。

好消息是，他带着降落伞跳下飞机。

坏消息是，他跳出来之后，降落伞打不开。

好消息是，他跳下来的正下方有一个巨大的草堆。

坏消息是，草堆上有一把叉草的铁叉子。

好消息是，他正好没有碰到那个铁叉子。

如果这个故事只有一段——这个人拥有了直升机，那这是一个励志的故事，因为他成功地拥有了自己想要的东西。但是再往下，如果故事在飞机出现故障那里戛然而止，这就是一个飞行失败的悲惨故事。给这个故事每加一段就是一个新的故事版本，而在不同的版本里，每一个好消息背后都有一个坏消息，在坏消息之后又有好消息，这个人的获胜关键在于这条故事线的长度。

如果你想提高做一件事情成功的概率，就要想办法让自己一直留在牌桌上，尽可能延长自己的故事线。在和不确定性持续较量的棋局里，只要你还活着，就还有筹码，就还没有输。你真正要学会的是尊重不确定性，让时间替自己磨平它们。

人生是由一次次大大小小的选择构成的，而任何一次选择都有着不同的可能性。你可以参考以下几点在不确定的世界里追寻概率的提高：

- 在投资的时候，利用概率和期望收益，做出最有效、最有利的决策。
- 在创业的时候，成为一个连续创业者，通过反思总结经验，积累实力。
- 在生活中，要会审时度势，积极生活，利用有效的工具来对冲风险。
- 养成"二阶思维"习惯，懂得延长自己的故事线，重复做那些正确的事情。

理解概率，尊重概率，是应对世界随机性的利器。追寻概率的提高，抓住机遇，扩大赢面，这注定是一条少有人走的路，但这条路值得你一直走下去，因为你对人生中概率这件事情了解得越深，你的内心就会越笃定、越从容，变得自洽起来。

找到最重要的事，不断重复做

　　在《人生算法：用概率思维做好决策》这本书中，作者喻颖正提出了一个人生算法的公式：成就 = 核心算法 × 大量重复动作[2]。他认为一个人在世界上只需要懂一些极简单的算法，就能过得很好。这个公式能够让一个人跨越智商、背景、运气的鸿沟，提供一种广泛、可行的解决方案。

　　在《原则》这本书中，瑞·达利欧也反复提及算法的重要性。巴菲特也曾说："人生就像滚雪球，重要的是发现很湿的雪和很长的坡。"那个长坡就是核心算法，很湿的雪就是大量重复动作，而滚雪球，就是一件可重复、可持续、能积累成就的事。

人生的核心算法是什么

我之前和绘画的朋友聊天，她对我说她上了一门商业插画课，老师是一个很有亲和力的人。这个老师并不是专业院校出身的，而是从 2014 年开始零基础学习绘画的。她通过几年的积累，走上了做独立插画师的道路，现在成立了自己的工作室，开始教别人画画。

在这些年里，她从刚开始把绘画当成业余生活的小爱好到每天画一幅画并且分享到微信朋友圈，从与各个机构合作设计插画到根据自己的经验开发课程并且授课，这一路走得很稳，也很快。她的课程既有线上的，也有线下的。以线上课程为例，每年开 4 期课，按每期课程最低 1000 元的价格计算，招收 200 个学员，一年的课程收入就是 80 万元，这还没有算上她的线下课程收入，以及与其他机构的插画合作收入。与朝九晚五上班的上班族相比，她的财富积累速度快了太多。

有的人会说谈钱太俗，金钱并不是衡量人生成就的唯一标准，那我们来看一看她的生活——她获得了很多人的认可，并且为别人成为插画师提供了资源和帮助。她并没有像我们想象中那样拼命地加班工作，反而处于上课一个月，旅行一个月的状态。她不但拥有了财富，而且拥有了自由。

她收获了财富和自由，过上了理想的生活。在我看来，是因为她不断地绘画和分享，她的核心算法就是"绘画和分享"。这件看起来再简单不过的事，却在持续地发力，成就着她的人生。

其实，核心算法，就是你的人生中那件最重要的事。很多时候，你要么无事可做，得过且过，要么事太多，焦头烂额。

在《最重要的事，只有一件》这本书中，作者加里·凯勒和杰伊·帕帕森提到了一个核心的观念——完成最重要的事，就像推倒第一块多米诺骨牌。紧接着，剩下的问题都会迎刃而解。虽然前面的每块骨牌都很小，但是每块骨牌都能够推倒后面的骨牌，这样就会一块接一块地倒下去，所以只要碰倒一块小骨牌，后面的骨牌就都会被推倒。

80%的结果，得益于 20%的付出。这个二八法则众人皆知，但这里的重点是分配不公，80/20 的比例实际上会有细微的调整。根据具体情况不同，它有可能是 90/10，意味着 90%的结果得益于 10%的付出，或者 70/30，又或者 65/35。

对于同样的付出，得到的结果往往并不一样。比如，从同一个学校毕业的毕业生，他们以同样的起点进入社会，即使付出同样的努力，结果也并不一样，有的人干出了一番事业，而有的人安于平庸的生活。最重要的不是你多努力、多拼，而是找到那 20%，也就是找到你的人生中那件最重要的事，然后为之拼尽全力。

找到最重要的那件事

你常常会陷入一个误区，认为一个真正厉害的人，应该把每一件事都做好，甚至有的人为了追求高效，同时做好几件事。事实上，你的专注力和意志力都是易耗品。如果你同时做多件事，那么可能每件事都做得不尽如人意。正因为专注力和意志力稀缺，所以你更应该把它们放在最重要的那件事上。

一个人最重要的事是什么呢？

第一步，你要从关键问题中找到你的目标。

最重要的那件事与你的人生目标有最直接、最紧密的关系，也就是说，你要给自己设定一个目标，然后从这个目标中发掘现在和未来要做的那件最重要的事。要想设定目标，就需要扪心自问，最关键的问题是什么，因为只有提出一个好的问题才能得到一个好的答案。

目标应该是大而具体的，因为如果目标定得太小，你就不需要付出多大努力，因此也不会得到有重大意义的结果。如果目标定得不够具体，你就会因为不了解细节而无从下手。

对于微信公众号的创作者而言，他们的关键问题可能是"我怎么能够在 3 年内拥有 10 万个读者？"对于软件程序员来说，他们的关键问题可能是"我怎么能够在 5 年内成为年薪百万的开发

架构师？"对于保险业的销售人员来说，他们的关键问题可能是
"我怎么能够在 5 年内成为百万圆桌会的会员？"

当提出这样的好问题时，你就得到了一个大而具体的目标。
因为一个好的答案可以帮你弄清楚一些人生大方向。比如，你要
往哪里走，你的目标是什么。

第二步，在确定目标的同时，确定优先事务。

目标就是你的所奔之地与所重之事的结合体，承载着你的规
划。有了目标，你就能够分清楚事的轻重缓急，也就能够确定事
的优先顺序。

在《肖申克的救赎》这部电影里，主人公安迪有了越狱这个
目标之后，就不会在被囚禁的时候哭泣，也不会在遭受痛苦的时
候绝望，而是把所有的精力都放在如何越狱这件最重要的事上。
他买一把凿子是为了挖洞，买明星的画报是为了遮掩墙壁上的洞，
为监狱长逃税也是为了未来出狱的时候方便伪造身份，其实他一
直都在做着最重要的那件事，而最终，他越狱成功了。

当用倒推法确定目标的时候，你同时也确定了自己在那个阶
段里最重要的事是什么。这就有点像俄罗斯套娃，此刻最重要的
一件事就藏在今天最重要的一件事之中，今天最重要的一件事就
藏在这周最重要的一件事之中，这周最重要的一件事就藏在这个
月最重要的一件事之中……所以，你可以通过推倒法来确定当下
最重要的事是什么。

一旦你确定了最重要的事，就确定了事的优先级，就可以把

日常的待办事项清单变成一个成功清单。

生活中总会出现很多需要你处理的事，但时间有限，你的思考核心应该是哪些事是与目标相关的、哪些事是与目标无关的。着眼于目标，你就要砍掉那些"可以做但不应该做"的事，从中找出那 20%，然后再从这 20% 中找出 20%，直到找到那件最重要的事。

这其实就是化繁为简的思维方式，核心就是"缩减"和"极致"。

过去我喜欢做很多事，比如听书、学英语、学课程，而现在，在刻意使用这种化繁为简的思维方式之后，我就开始不断地逼问自己，简单一点儿是什么？再简单一点儿是什么？要做的最重要的那件事到底是什么？

基于以上这两步，你就可以确定自己生活中最重要的事是什么，也就确定了人生的核心算法。你的目标不是做得更多，而是遵循"要事第一"的原则，让自己需要做的事更少。最高效的人，往往都只做最重要的事。

不断地重复使用自己的核心算法

"人生算法"公式的后半部分是"大量重复动作 [2]"，指的就是不断地重复做一件事情。重复做同样的事情，可以得到同样的结果。重复做好事情，可以得到好结果；重复做坏事情，可以得到坏结果。同样的道理，你重复做那件最重要的事情，就可以获得最有意义和最有价值的成就。

你一旦确定了那件最重要的事情，接下来要做的就是重复做它。可是很多时候，重复做某种蠢事很轻松，重复做一件有价值的事却很难。想要不断地重复做那件最重要的事，可以参考以下建议。

1. 为做最重要的事预留时间段

阳光只有汇聚于一点，才能燃起火焰，而预留时间段能够把你的精力集中在做最重要的事情上。它是高效生活最有力的工具。

所以，你要看一看自己的日程，把所有的时间集中起来完成优先事务。你可以每天腾出几小时来做那件最重要的事情，把它变成一个习惯。在这个时间段里，其他事情（比如打电话、看微信、发消息、开会等）都必须绕路。

以我的经验，最重要的事情最好被安排在上午甚至一大早完成。

我一般会把早晨 6 点到 8 点半作为预留时间段。在这段时间里，我会关闭手机，在安静的环境里，做与我的目标相契合的最重要的事情。比如，围绕本周的主题开始思考，查资料，阅读和写作。

你一旦在预留时间段里高效地把最重要的事情做好了，这一天就变得有意义了。

2. 在重复的过程中反思

重复并不只是指机械式地重复一个动作，还包括能够在重复做一件事情一个星期、一个月、一年之后，愿意停下来反思一下。反思的目的在于审视自己当前的位置和目标的距离，获得反馈，进而调整"核心算法"，让它不断迭代。

如果大量重复动作几个月之后，你发现没什么成就，那么很可能是因为你的"核心算法"本身有问题。你要重新思考自己的目标是否合理、最重要的那件事是否真的如此重要，进一步修正、添加、删除一些目标，重新确定优先事务，然后继续重复试错。

当做好了最重要的那件事情时，你就推倒了那块最重要的多米诺骨牌，而重复的过程，就是整个多米诺骨牌一块接着一块被推倒的过程。比如，一个人跑步，每次的速度与距离都差不了太多，但每重复一次，身体和意志都受益一次。

重复的过程，就是刻意练习的过程。在这个过程中，反馈让你的核心算法不断迭代，而大量重复动作让你积沙成塔，获得最大的成就。你不断地重复使用自己的"核心算法"，就会始终走在正确的方向上，形成人生的正循环。

找到最重要的事，然后重复做它，这就是一个人的"繁盛之路"。在年轻的时候，你有很多想做的事情，总喜欢试试这个，玩玩那个，这样的试错无可厚非。可是，你一定要明白，在有限的生命里，只有专注地做一件事情，才能够真正地把它做好。把有限的时间和精力用在那一两个你认为最重要的梦想与目标上，才能有机会真正地实现。

跨越智商、背景、运气鸿沟的人生算法，就是找到最重要的事，然后不断地重复做它。对于无价值的事，一再重复做，你就是一个无价值的人。对于有价值的事，一再重复做，你就是一个有价值的人。

把一件事做到极致

曾经有一段时间，我为了在工作上有所突破，找了一个在职业领域里非常资深的老师作为教练。每周日她都会带着我一起对专业技能进行探讨和练习。

有一次课程结束后，她对我说："你在上完课之后并没有太多输出和总结，如果认为上完课就算完事了，那么在个人技能和思维上的提升也就只局限于课堂上，这其实是很不划算的。"说完之后，她把另一个学员的笔记给我看：课程要点都一一记录了下来，除此之外还有自己的分析和总结，特别是针对那些与老师的想法不一致的地方，他做了以下进一步的思考：

- 为什么老师能够想到而自己想不到？
- 老师是如何想到的？

● 怎么才能让自己在面对类似问题的时候做出与老师类似
的思考？

看起来学习只是一件很简单的事，上课好好听讲，课后好好
练习就行了，但是与那些把事做到极致的人相比，我往往就差得
不是一星半点了。比如，学生时期的那些"学霸"，看似你和他们
一样在好好学习，可事实上，你的做到和他们的事成之间，隔着
许多思考和付出。而那些能够在某些事上做出一点儿成绩的人，
往往都懂得把一件简单的事做到极致。

把事做到极致是什么样的

做完一件事很简单，但能够把一件事做到极致，却不见得容
易。那怎样才算把一件事做到了极致呢？下面举几个例子，让大
家感受一下别人是如何把一件事做到极致的。

把反思做到极致

如果要我给你的生活提供一个具体可行的建议，那么我会毫
不犹豫地建议你养成每日反思的习惯。顾名思义，每日反思就是
每天都要反思你的言行举止，反思生活里遇到的人和事。这个习
惯看起来很简单，你可以在每天晚上记录一下自己都做了什么，

看一看哪些做好了,哪些没做好,可以如何改进,更简单一点儿,你可以只在睡前想一想自己都做了什么。

尽管我把每日反思的习惯推荐给了很多人,但真正去做并且做得很好的人寥寥无几。很公平,他们的生活并没有发生太大的变化。如果你希望自己有大的改变,就要把养成这个简单的习惯做到极致。

成甲在《好好学习:个人知识管理精进指南》这本书中非常推崇反思,在培养反思能力的时候,会从以下三个方面着手:

- 从小事突破,深入思考。
- 把生活案例化处理。
- 培养写反思日记的习惯。

成甲认为,高水平的反思,能够持续地从日常工作、他人经历和书籍案例中找到提升自己和提高工作效率的方法,可以让自己处于持续改进的状态。为此,他要求自己和公司的员工从小事突破,深入思考。

比如,他看到一个观点:一个人获得信誉要从履行每一个小的承诺做起,而大多数人很容易忽略在日常生活中随口承诺的事情。这个观点触动了他,因为他过去从来没有把日常随口答应的事情看作承诺。于是,成甲在反思内容中增加了一条:检查承诺。

他要求自己每天回忆昨天答应过别人做什么事情，并通过检查自己的短信、电话、邮件、日记来帮助回忆，而且在日记中提醒自己注意两件事情：

（1）答应别人的事情，尽可能第一时间记录下来，避免遗忘。

（2）不轻易给出承诺，确信自己有能力做到再答应。

一天晚上，他在公司加班开会的时候收到了一条短信，朋友让他帮忙找某电商平台的渠道负责人。他当时想了想，便一口答应帮忙问。第二天在对"检查承诺"进行反思的时候，他就安排时间去联系朋友询问情况，结果问了好几个朋友都不认识。在第四天的时候，他只好给朋友回复短信说："不好意思，我答应帮你问的人没问到。但是，有朋友有另一个电商平台的渠道资源，不知道你是否需要，如果需要我帮你联系。"结果发完短信没多久，他就接到了朋友的电话。朋友说群发了几百条短信，成甲是唯一过了这么久仍然在帮他留意这件事的人！

把反思这件事做到极致，就要像成甲那样，愿意花时间把生活的点滴细节管理好，愿意审视自己人生的每一个值得思考的角落，因此他也管理好了自己的生活。

Costco：把效率做到极致

Costco（好市多），被亚马逊创始人贝佐斯称为"最值得学习的零售商"，被查理·芒格称为"最想带进棺材的企业"。近十几年，金融危机和互联网电商的崛起考验着线下零售，无论是行业霸主沃尔玛还是巨头西尔斯、塔吉特、百思买，在经营和股价上都经历了"双降"，但是 Costco 在 2006 到 2016 年之间股价却上涨了 5 倍，逐渐成为一家成熟的零售公司。Costco 如今是美国第二大零售商，全球会员超过 9000 万人。

为什么 Costco 能够在经济大环境不太好的情况下，销售业绩仍然增长强劲？其中很重要的一点就是 Costco 把效率做到了极致，从而大大地缩减了成本，让利给了消费者。

比如，在利润这一环，它有两条铁律：

● 所有商品的毛利率不超过 14%，一旦超过这个数字，就需要向 CEO 汇报，再经董事会批准。

● 对于外部供应商，一旦发现商品在别的地方价格更低，该商品就将永远不会再出现在 Costco 的货架上。

正是对这两条铁律的严格执行，Costco 的商品价格才会一直维持在一个低价水平，从而给消费者一种买到就是赚到的体验。

此外，Costco 拒绝像其他超市一样给向消费者提供多样的选择，并且所有的商品都是大包装量贩式。Costco 最大限度地砍掉了中间环节，因为采购量巨大而降低了采购成本和库存成本，从而让库存周转天数减少，平均只有 29.5 天，低于沃尔玛的 42 天。

这种极致的低价，来自对效率极致的追求，把效率做到极致让 Costco 成为零售业的一匹黑马。

由此可见，把一件事做到极致，不仅是简单地把一件事做完，而且要带着对一件事极致的敏感和热情，踏实地把事做好和做精，达到别人无法企及的高度。把事做到极致必然不易，否则这个世界上的成功者就太多了，显然不符合二八定律，但也正因为它的不容易，那些真正做到了的人和组织反而能从平庸中脱颖而出，获得超额回报。

极致践行能给你带来什么

在把事做到极致的过程中，你必然要付出大量的时间和精力，必然要积极主动地思考和行动，更需要持续的笃定和坚持。当把一件事做到极致的时候，你就能从中获得人生中极为宝贵的成功筹码。

1. 专业能力

在这个时代，很多人想做"斜杠青年"，却从来不愿意把一件事做好。也正因为心猿意马，所以很多人在时光的消磨下，并没有成为一个有一技之长的专业人士，反而做什么事都是"半吊子"，根本没法凸显自己的独特优势。那些在职场上独当一面的人，哪一个不是因为具备专业能力而备受青睐？没有两把刷子，没有把一件事做到极致的狠劲，你就很难造就自己的专业。

什么叫专业？在英文中，专业有一个对应的单词——professional。它的核心意思就是以一种超乎功利的、忽略回报的投入精神去做某件事，将其做到极致。

反过来说，当把一件事做到极致时，你自然会对这件事相关的细节和知识了如指掌，并且在不断实践的过程中，把技能磨炼到炉火纯青的程度。只要你在任何一个领域中达到了专家的程度，就必然在这个世界上占有一席之地。

2. 深度思考能力

那些敷衍了事的人，连动都不愿意多动，让他们主动思考就更难了。当要写一份报告的时候，把事情做完的人擅长复制、粘贴，而把事情做到极致的人却愿意深入研究、仔细分析。当要瘦身减肥的时候，把事情做完的人只会痛苦地节食和运动，而把事情做到极致的人却会早睡、早起、多运动，把身体当成一个系统来思考，培养良好的生活习惯。

如果你准备把一件事做到极致，就必须主动地思考以下几个问题：

● 如何才能把这件事情做好？

● 如何把一件事情从做完到做得圆满？

● 除了现在做的事情，我还可以做什么事情让结果更好呢？

这时的你其实按下了深度思考的按钮，让大脑主动地寻找更好的选择、更优的方案、更快的路径。

3. 成事的信心

在很多时候，我们都容易做事半途而废，从而草草地得出一个自己不行的结论。因为很少有做成一件事的经验，所以我们很不自信，不相信自己有一个好的未来。

相反，那些愿意把事做到极致的人，总是愿意耐心地与时间相伴，就好像全世界都不存在，只有自己和自己正在做的事。在把事做到极致时，他们的内心平静而充实，听一个音符，就像音符里包含整个宇宙，写一行代码，就像在构建一个新世界。最终，他们除了做成了这件事，还获得了一种对自己能做成一件事的信心。

心理学中有一个概念——自证预言，说的是一个人会不自觉地根据自己的言行举止来印证自己。比如，有的人认为自己不是读书的料，所以即使有时间也不会好好学习，结果读书就真的不行。把一件事做到极致，其实就是在累积对自己成事的信心，因为你过往的成功经验和行为举止一直在内心提醒你，你是可以做好一件事的。

比如，写作，为了尽我所能写到最好，我会反复地思考选题，努力地寻找素材，即使在无从下笔的时候，也坚持，不放弃。这个过程当然不会太愉快，但是我却能保持耐心，磨炼意志，渐渐地形成了自信心，在任何困难面前都能保持淡定，这就是我把一件事做好、做到极致的最大收获。

把简单的事做到极致，其实最有价值的东西不是那件事情的结果，而是你在这个过程中收获的那些看不见的东西：

- 专业能力。
- 深度思考能力。
- 成事的信心。

这三个方面的特质中的任何一个都不容易获得，但是一旦你愿意把事做到极致，就能一举多得，何乐而不为呢？

如何把一件事做到极致

只要你愿意倾尽自己的时间和精力，倾尽自己的思维和智慧，把一件事做到极致，就能在这件事上获得其他人没有的成就。也许你资质平庸，没有建立丰功伟业的机遇，但依然可以利用自己有限的智慧、能力和精力，尽力把自己内心真正喜欢的事做到极致。

到底如何把一件事做到极致呢？

1. PRE 循环

PRE 循环是海盗派方法学创始人邸晓梅老师在技能提升方面教给我的一个学习方法。

P：Practice（练习）

对于任何事情，只要你做得多了，就会越来越熟练，这就是刻意练习的效果。比如，你开车，开得越多，走一条路的次数越多，就越熟悉，开车的效率越高。所以，主动地做事并且刻意练习和实践非常重要。这是自我提升的基础。

R：Reflect（反思）

如果你只是一直做，却不进行任何思考，那么不会有任何改进，做的事就只会停留在一个水平上。你只有对所做的事进行有意识的反思，才能看到自己哪里做好了、哪里没做好，并且还要自我"拷问"为什么没做好，这样才能找到改进和提升的空间。

E：Explicate（总结）

很多人会主动做事，也会时常反思，却不会做总结，所以在下一次做同一件事的时候，还是按照原来的套路行事，结果就可想而知了。反思之后要做好总结，时常回顾。这会让你在实践中获得的智慧得以沉淀和提炼，从而为下一次的 PRE 循环做好准备。

PRE 循环不是一个一次性的做事过程。你要通过一次次 PRE

循环来实现迭代和优化，让能力越来越强，做事越来越好。

在做任何一件事的时候，你都可以在做好一次次 PRE 循环的过程中，将它做到极致。

2. 保持正念

一位行者问一位得道者：您在得道之前都干吗？

得道者答：劈柴，担水，做饭。

行者又问：那您在得道以后都干吗？

得道者答：劈柴，担水，做饭。

行者再问：那您是怎么得道的呀？

得道者答：我在得道以前，在劈柴的同时，要想着担水，还要想着做饭，而在得道以后，劈柴是劈柴，担水是担水，做饭是做饭。

在这样一则小故事中，你能感受到正念之于所做的事多么重要。

正念，其实就是一种心无旁骛的状态，心里装的事很少，甚至心里只有当下要做的那件事。这时，因为心里只有那件最重要的事，所以你会聚焦于它，把所有的注意力都投入其中。一旦注意力聚焦了，把一件事情做好的概率就变大了。简单来说，当能够把注意力放在自己的一呼一吸之间时，你就能够将觉知带入当下的时刻，这个状态就可以被称为"正念"。

想要做成一件事，最大的阻碍就是你的杂念。在小时候，大人常常会教导你，该玩的时候好好玩，该学习的时候好好学习，但是真正能够做到的人并不多。很多人都在看书的时候聊天，在跑步的时候听歌，你的内心有太多想要的东西，以至于根本没有办法专注地把当下的那件事做好。

只有把心清空保持正念的人，才能够把一件事做到极致。比如，在奥运会赛场上，很多人的技能水平是相当的，所以最后比拼的往往是心态。有的人把内心的杂念都清除了，就拥有了一个好的心态，能够冷静思考，集中精力尽己所能，所以发挥出自己的水平是自然而然的事。

把有限的注意力放在真正重要的事上，道理大家都懂，但是在实践中，往往就会发现并不容易。知道是一回事，真正去做又是另一回事，知易行难，始终是生活的一道门槛。也正是因为难，所以那些能够扫除内心杂念，内心回归平静的人，总是可以更高效地把当下的事做好，也总是能够抓住身边的每一个机会。

保持正念，就是主动地将觉知带入你正在做的那件事上。

在很多时候，你总是想要做大事，对于那些小事往往不屑一顾。可是，如果你连做小事都敷衍了事，怎么可能把一件大事做好呢？其实，完成一件小事，就是一个建立信心的过程。小到洗碗拖地，洗衣晾晒，步行健走，其实都带有一点点困难，都需要克服一点点懒惰，但是一旦你心平气和，集中注意力完成它们，就获得了一个完整的正念体验，而在这个过程中，你刻意训练了自己的觉察力，同时也体会到了内心清空之后的耐心。

这种持续的正念体验和刻意练习，会让你把聚焦注意力变成一件可控的事。你一次次地专注，一次次地达成所求，最终也就把"极致地做好一件事"变成了一个习惯。习惯的力量是非常强大的，当你的大脑神经已经形成了做好一件事的闭合回路时，你做成一件事的概率往往会增大很多。

NPP（Non-Profit Partners，公益伙伴）的创始人陈宇廷在一次采访中说，有一个很容易的方法能够让自己平静下来——可以进行深度的腹式呼吸，深吸一口气，然后慢慢地吐出去，每次呼气或者吸气的时候，都在心里数 10、9、8、7、6、5、4、3、2、1，这样数 10 次人就平静下来了。他这里提及的方法，不正是让你进入正念的方法吗？

在《正念的奇迹》这本书中，一行禅师给了一个建议，就是你可以给自己安排一个正念日——在一周内挑选一天的时间，在这一天里时刻提醒自己保持正念。怎么做呢？就是从起床的那一刻起，你就要主动关注和意识到自己正在做的事。比如，你在刷牙的时候，能够感受到此刻在刷牙，在吃饭的时候知道正在吃饭。你需要时刻用一个观察者的身份觉知和感受正在做的事。当这样做的时候，你就是在保持正念，锻炼自己保持正念的能力。

真正的人生成就，属于极致的沉醉者。有这样一类人总是让我很佩服。对于一件别人看起来很简单的事，他们总是一直坚持做，而最后往往都能做出点成绩。做自己不能做的事叫成长，做自己不敢做的事叫超越，做好自己目前力所能及的每一件事，并将它做到极致，就是一种自我肯定。

马丁·路德·金在演讲中多次引用一首诗，我非常喜欢，在这里分享给你：假如你命该扫街，那就扫得有模有样，一如米开朗基罗在画画，一如莎士比亚在写诗，一如贝多芬在作曲。

算法篇

构建稳定的内核

4

"内卷化"的生活，如何破局

"内卷化"：
长时间停留在一种简单的自我重复的状态

把自己锁死在低水平状态里循环往复的状态，用现在流行的一个词来说，叫"内卷化"。

"内卷化"，原本是社会学家观察到的一个现象，是指一个社会长时间停留在一种简单的自我重复的状态。

20世纪60年代末，美国人类学家利福德·盖尔茨把"内卷化"这个词引入了社会生活领域。他发现印度尼西亚爪哇岛人口众多，大家都种植水稻。随着劳动力的增加，人们的耕种更加细致。在他的眼里，人们耕种收割，日复一日，年复一年，生态农业长期停留在一种简单重复、没有进步的轮回状态。简单地说，就是蛋糕依然那么大，吃蛋糕的人数增多，尽管换着花样分蛋糕，但吃到蛋糕的难度还是增加了。

我在上中学时在书上看到过这样一个故事。一个人在村里碰到一个放羊的小孩，小孩说他的生活就是放羊，等长大后生孩子，孩子长大后继续放羊。这就是"内卷化"的一个例子，我们被困在这样一个低层次的生活里，不断地自我重复。

更贴近我们生活的是，日常工作中的"内卷化忙碌"。有的人真的很忙，在忙着做事的同时能力不断地提升，而有的人则瞎忙，只是简单地重复做同样的事情，忙了半天也没有弄出什么名堂，后面那种忙，就可以被称为"内卷化忙碌"。

你在工作中肯定会有"内卷化忙碌"，天天忙于开各种会议，为了赶进度，加班加点，今天在赶昨天的活，一个人做多个人的事，结果忙到没有时间学习，没有时间改进方法、提高效率。在这样连续几天的加班之后，你又开始处于一种需要休息调整的状态。这时，你会找各种借口，把事情往后拖，结果当别人来催你的时候，你又开始进入下一个加班周期，奔波忙碌。

可是，你从来没有意识到，这种周而复始的繁忙状态只会让你陷入一种高效率的假象中。你的工作并没有因此变得出色，反而因为紧张忙碌而漏洞百出。无论是你的能力还是工作状态，都锁死在这样无效重复的循环里。最终，你陷入了那个"越穷越忙，越忙越穷"的怪圈，在日复一日的自我重复中消耗自己。在很多实行"996"工作制的公司里，大家你追我赶，每天都加班到凌晨，工资却还是最初那么多，结果大家进入了一种"内卷化"的竞争。薛兆丰老师曾说过："让你'996'的不是你的老板，而是其他愿意'996'的人。"

"内卷"现在成了一件越来越普遍的事情，就像卷心菜，始终在原地卷自己。在生活的"内卷化"越来越显著的情况下，在整个社会还没有出现新的变化之前，你该如何跳出简单自我重复的圈层，实现人生的跃迁呢？

对抗"内卷"：在持续行动中反思

当面对生活中的"内卷化"时，你首先要做的不是自怨自艾，而是反思自己当下的思维方式和行为习惯。如此，你才能自我成长、自我进化，避免被卷入无效的低水平重复中。

我有一次和朋友吃饭，他刚刚跳槽到一家新公司，在原来的公司郁郁不得志的状态一去不返，整个人乐观、积极了起来。在聊天的过程中，我能够明显地感受到他的思维方式有了很大的变化，细问下来，才知道他这一年一直在阅读，发现了自己过去很多错误的认知，所以一直在思考，在改变。

在成长的过程中，最重要的就是实践、行动。在工作和生活中，有很多人想到了却做不到。当看到有人做到了他们没有做到的事情时，他们往往会酸溜溜地说："我早就想过这么做了"。可是，这种没做到却又以为自己能做到的自欺欺人的心态，往往就会造成认知的停滞，让他们停留在舒适区里一再重复错误的习惯。

如果你处于一片黑暗森林中，迷失了方向，天已经黑了，这时你想要走出去，该怎么办呢？有的人可能希望找到这个森林的地图，然后参照手里的地图走出森林，这可能吗？存在这样一张让你全面了解森林布局，让你能够避开毒蛇猛兽的地图吗？其实，真实的处境就是，你的手里并没有这样一张地图，也没有人会给你送上这样一张地图。这就像很多人希望别人能够给自己一张生活中的认知地图一样，希望按照地图的指示就可以一步一步地收获幸福的生活。可事实上，这个世界上根本就不存在这样一张认知地图，也不会有任何人能够给你提供这样一张认知地图。

你要想走出黑暗森林，就必须试错，打开自己的手电筒，观察周围的环境，然后试着找到一个行动的突破点。比如，你听到了水声，就可以顺着水流的声音往前走，碰到了岔道口，就需要观察天上的星星试着辨别正确的方向，这样你才能够一步一步地走出黑暗森林。换句话说，你需要一步一步地行动、试错，然后通过这个过程中的思考来对行动的方向和节奏进行调整。

所以，认知升级的最重要的工具就是行动中的反思。之所以行动中的反思可以对抗"内卷"，是因为你可以通过反思走出原地打转的困境。你不仅要通过行动获取认知，而且要在行动中反思自己获得的认知，去伪存真，改进行动，然后真正地让认知升级。

你只有获得了比别人更强的认知，才有可能避免卷入一场毫无意义的人为竞争，进而在生活中做出正确的选择。

在日常的工作和生活中，你可以在每天晚上反思一下当天所经历的事情：

- 想一想在哪个方面做得好，总结出好的行为习惯，然后坚持做。
- 想一想在哪个方面做得不好，然后反思一下以后遇到类似的情况应该如何处理。
- 记录下自己的心得体会，然后在第二天反思的时候，看看自己是否有所改进。

随着日复一日地反思，你会在某一天发现，自己做事情做得越来越好，犯的错误越来越少，整个人呈现出了更自信、更积极的状态，这时你就脱离了所谓的"内卷"。

打破"内卷"：提升个人的思维层次

很多人的"内卷"来自从众，他们完全没有认识到自己真正的价值所在，更分不清自己人生里的轻重缓急。比如，别人加班了，你也加班，别人家的小孩练琴了，你也要给自己的小孩报班，结果就进入了"内卷化"的陷阱。

想要真正打破"内卷"，关键之一就是拓展出新的人生视角，打开一个全新的人生格局。

爱因斯坦曾说，这个层次的问题，很难靠这个层次的思考来解决。比如，你把手掌放在灯光里，墙上会出现你的手掌的影子，而你只有改变手掌的姿势，才能真正改变影子的形状。也就是说，想要改变二维平面的影像，就要上升一个层次，在三维空间做改变（改变手掌姿势）。这其实就是一个升维解决问题的过程，而这个过程其实就是一个创新的过程，改变自身看问题的视角。你要想跳出"内卷化忙碌"的怪圈，就可以使用思维层次模型来提升思维层次，从而快速破局。

在前面的文章《寻找人生中的"阻力最小路径"》中，我们提及了认知系统的思维层次。

思维层次，从上到下依次是价值观层次、能力层次、行动层次、环境层次。

当提高自己的思维层次去看问题的时候，你往往能够找到问题的根源，然后实现人生的破局。比如，有的人生活穷困，大部分时候都只是从环境和行动层次上思考，认为大环境不好，个人的努力还不够，所以就陷在自怨自艾的情绪里，或者一个人干好几份工作，但这样的思考和行动并不能让他真正地摆脱贫穷的困境。

如果他可以提升到能力层次和价值观层次思考，就会这样想问题：

● 到底擅长做什么，有什么样的优势？

● 借助对自身优势的认知，该学习什么，积累什么能力？

通过对自身优势的挖掘和能力的培养，他就能够构建核心竞争力，摆脱贫困生活就是一件水到渠成的事情。当能够在更高的层次思考问题的时候，他就拥有了"降维攻击"的能力，可以从眼下的困局中跳出来，以一种全新的方式来看待世界，原来的问题就迎刃而解了。

如果你准备投资理财，不妨先系统学习投资知识，从更长的周期考虑收益，这样才有可能获得稳定的复利。如果你准备学习成长，不妨先了解自己，确定一个长远的目标，给自己一步一步脚踏实地践行的动力。如果你在工作中遇到难题，不妨从自身优势出发，从更长远的职业生涯规划来思考，给自己一个明确的方向。

你只有提升思维层次，才有机会跳出内卷化的生活，从自身真正的价值观出发，打破低效的自我重复，避免无效的竞争，完成人生的破局。

超越"内卷"：寻找人生发展的第二曲线

不管是个人，还是企业，都很容易停滞于原有的运行轨道中，甚至稍不留神就开始走下坡路。"内卷"的一个特点是僵化，你待在原有的圈层里，看似在不断地努力，不断地精进，其实都在做一些无效的自我重复。这时，超越"内卷"的关键就是创新，通过找到新的人生赛道，拓展自身能力圈，从而走出当下的囚徒困境，获得再次发展。

这个真实世界里的很多增长曲线都是"S曲线"。

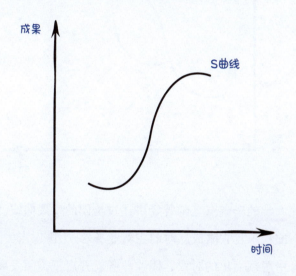

刚开始，增长会迎来一个扩张期，增长速度非常快，很像指数型增长。比如，对于一些公司而言，新产品打开销路，用户带来口碑，口碑带来新用户，这是一个正反馈过程，是增长的第一曲线。这个高速增长有极限，增长速度会慢慢变慢，然后增长就会到达一个平台期，因为市场是有竞争的，所以发展也是有天花板的。

接下来，如果你想要继续增长，就要发掘出增长的第二曲线，要么开拓新的市场，要么寻找一个新的赛道。

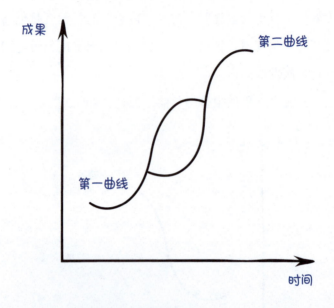

混沌大学的李善友老师曾经讲述过美团的发展曲线。美团发展的第一曲线来自它刚成立时的主营业务——团购。当美团在"千团大战"中脱颖而出的时候，团购业务就开启了美团发展的第一曲线。在团购业务规模到达极限之前，美团就开始探索其他业务了，比如电影票、外卖、酒店、旅游业务，这些都是基于第一曲线的流量挖掘的业务。

在诸多探索中，外卖业务促成了美团发展的第二曲线。面对众多强劲的对手，美团的发展没有停滞于第一曲线，没有固守于已有的一尺一寸，而是在前行中不断探索自身发展的第二曲线，让自己持续增长。如今，美团还在探索自身发展的第三曲线，比如单车业务、网约车业务等。

对于个人而言，你也需要保持开放性，不断地汲取知识，不断地自我探索，从而找到人生发展的第二曲线。

在生活的各种"内卷化"之下，很多人会失去对工作和生活的热情，感觉人生无趣、无聊。这时，你要试着寻找人生发展的第二曲线，以此来超越"内卷"。

每个人都可以培养一项自己的兴趣来作为人生的第二曲线，并借此得到一些非常有价值的收获。在培养自身兴趣的过程中，你会不断地收获成就感，而这些日积月累的成就感不仅会让你在兴趣领域中更自信，还会锻炼你的感受力和表达力。这些能力还可以迁移到工作和生活中，实现能力圈的延伸和拓展。

我在工作之外，培养了绘画和写作兴趣，找到了自我成长的第二曲线。我的写作结合了自己的优势和特质，有自己的特点。在自我成长的过程中，我收获了支持我的读者，同时也有机会出书、授课，获得了除工作之外的收入，这让我有机会发展新的个人商业模式，这有别于工作一天赚一天钱的"雇员模式"，而是更高阶的"艺术家模式"，花时间一次性做出一个内容产品，然后可以卖很多次。

你想要超越"内卷"，就要敢于走出舒适区，不断地认识自己，了解自己，拓展能力边界，探索出能够发挥自身优势、适合自身发展的第二曲线，从而为自己建一条独特的赛道。只有当发展出了第二条、第三条甚至更多条成长曲线时，你才不会被卷入焦虑、迷茫和竞争中，从而在这个多变的世界里占据一席之地。

在"内卷化"的生活里，所有的事物都呈现出一种低水平的竞争态势，这不免让所有身在其中的人感到迷茫和焦虑。你要像乔布斯说的那样"Stay hungry, stay foolish"（求知若渴，虚心若愚），通过下面三个策略来避免长时间停留在一种简单的自我重复的状态，从而实现人生跃迁：

（1）对抗"内卷"。在行动中积极反思，不断自我进化。

（2）打破"内卷"。不断提升自己的思维层次，开拓人生新局面。

（3）超越"内卷"。找到自身发展的第二曲线，在多元的成长中构建人生的护城河。

"内卷"并不可怕，可怕的是，你身在其中而不自知，被锁死在低效的自我重复中，虚度时光。

生活的稳定来自你的反脆弱能力

有一对住在伦敦的孪生兄弟约翰和乔治。约翰 25 年来一直供职于一家大银行的人事部门，有一份完全可预测的收入，享有各种福利和每年长达一个月的带薪年假。乔治是一名出租车司机，在运气好的日子里能赚几百英镑，在运气不好的时候，入不敷出，甚至赚不回油钱。

不过年复一年平均算下来，实际上乔治与约翰的收入相差无几，但乔治总抱怨自己的工作不好，没有约翰的工作稳定。你觉得谁的工作更稳定？从前面描述的情形来看，似乎是约翰。

1998 年，金融危机爆发。工作稳定的约翰在 50 岁的时候突然失业了，这让他一下子陷入了恐慌——在银行工作了几十年，他只学会了做简单的人事安排工作，所以现在年纪大了再找工作老碰壁，除此之外，他还得面对高额的房贷。金融危机的爆发对乔治几乎毫无影响，他照样开出租车，收入和过去并没有太大差别。

这个故事出自风险管理大师纳西姆·尼古拉斯·塔勒布，他得出了一个结论——越稳定的越脆弱。当越来越依附于某一个人、某一件事、某一个组织、某一份工作的时候，你的抗风险能力就越弱，所谓的稳定是脆弱的，更像易碎的玻璃。

遇见"黑天鹅"，是迟早的事

在 17 世纪之前，欧洲人认为天鹅都是白色的。所以，"所有的天鹅都是白色的"就成了一个没有人会怀疑的事实。直到人们在澳大利亚发现了黑天鹅，欧洲人才意识到原来这个世界的天鹅还可以是黑色的。

对于"所有的天鹅都是白色的"，有数万只白天鹅作证，但是要推翻它，只需要一只黑天鹅就足够了。

风险管理大师塔勒布在《黑天鹅：如何应对不可预知的未来》这本书中总结了"黑天鹅"事件的三个特点：

- 意外性。总是出人意料地发生。
- 破坏性。会给生活带来严重的问题。
- 不可预测性。尽管事后可以解释，但事前难以预测。

金融危机就是乔治和约翰生活中的"黑天鹅"，而在生活中，你没看到"黑天鹅"，不代表它就不存在。比如，公司突然裁员，是失业人员的"黑天鹅"；家庭遭遇变故，是中年人的"黑天鹅"；投资恰逢股灾，是投资者的"黑天鹅"。这个世界每天都发生着各种"黑天鹅"事件，虽然当时看起来很稳定，但是你的身边可能正孕育着一只"黑天鹅"。

在生活中，稳定从来不是常态，唯一不变的其实是变化本身。每一种事物、每一个行业，都迟早会迎来那只可怕的"黑天鹅"。

脆弱的反面不是坚强

如果一个人总是追求安稳，规避风险，经不起一点点变化，扛不住一丁点挫折，那么是脆弱的，不管是在能力方面，还是在精神方面。外界只要有点风吹草动或和预期不太一致，他可能就会方寸大乱，甚至情绪失控，更不要说遇到了难以预测的"黑天鹅"了。有的人在工作上受了一点点委屈，就心生抱怨想要离职；有的人遭遇了一次不幸，从此就一蹶不振得过且过。

在面对无力改变的外界变化时，还有另外一类人，他们拥有强大的反脆弱能力——不仅在意外面前能够承受打击，保持稳态，还可以在磨难中获得成长，让自己的能力和内心都更强大。

"反脆弱"这个词，是塔勒布在同名书籍《反脆弱：从不确定性中获益》中提出来的。你跑步摔了一跤，腿折了，这很脆弱；一个玻璃杯，从桌子上掉下来，碎了一地，它也是脆弱的；一个铁球，被扔出去老远，没有丝毫损伤，这叫反脆弱吗？不叫，毫发无损只代表坚韧，但它依然可能因为不断遭遇打击而破损，而希腊神话里的九头蛇，每次砍掉它的一个头，它都会重新长出两个头。九头蛇是反脆弱的，外部攻击不仅不会削弱它，还会让它更强大。

人类的进化过程其实也是一个反脆弱的过程。人类的祖先在森林里生活，像现在的猩猩和长臂猿一样，善于利用脚掌抓握树枝，在森林里荡来荡去。人类的祖先离开森林其实很无奈。大概3000万年前，因为某些地质活动，非洲被撕开了一个口子，那个口子今天被称为东非大裂谷。大裂谷东边变得干旱贫瘠，森林变得越来越少，而草原越来越多，没有了取之不尽的水果和嫩叶，这使得人类的祖先被迫从森林中走出来。

由于草木茂密而不得不站高远眺，因为有猛兽攻击所以要不停地奔跑，在对抗这些风险和波动的过程中，人类的祖先渐渐进化出了直立行走的能力。直立行走让人类的祖先将前肢解放出来，制造和使用工具，进而更好地适应外界变化。正是这种极其恶劣的环境，让人类的祖先通过自身的反脆弱性，获得了更强大的能力，从而走上了和其他生物不同的进化道路。

祸兮福之所倚，福兮祸之所伏。当事事顺利，稳定安逸的时候，一旦"黑天鹅"出现，你可能就会遭受重创。相反，当遭遇重大挫折的时候，可能正是你停下来思考，找到新方向的契机。这就是塔勒布所说的"反脆弱性"：有些事物能从冲击中受益，当暴露在波动性、随机性、混乱、压力、风险和不确定性中时，反而能茁壮成长和壮大。

变化才是这个世界的本质，大海的表面看似平静，其下面往往是隐匿的波涛汹涌。如果你没有反脆弱能力，不敢拥抱变化，不敢主动寻求改变，就很容易在危机之下走向消亡。塔勒布说："我们一直有种错觉，就是认为波动性、随机性、不确定性是一桩坏事，于是想方设法消除它们，但正是这些想消除它们的举动，让我们更容易遭到'黑天鹅'的攻击。"

熊猫在迁徙到秦岭这一带的时候，看到漫山遍野的竹子，一定有到了天堂的感觉。虽然竹子不好吃，但是它们不用费尽心思地偷蜂蜜，找鸟窝，只要天天坐在那里吃就行了。当感觉到自己可以一劳永逸的时候，它们也把自己推到了一个完全意识不到的大陷阱里——一天有十几小时在吃竹子，而在人类的保护下，退化到连性欲都没有了，整个种群濒临灭绝。熊猫是脆弱的，经不起外界变化的冲击，不具备反脆弱能力。

风会吹灭蜡烛，却能使火越烧越旺。当面对随机性、不确定性时，你要拥抱它们，利用它们，而不是躲避它们。你要成为火，渴望得到风的加持。

建立生活的反脆弱系统

你无法消除世界的波动和变化，而且即使能消除它们，也会变得脆弱，所以不要追求表面的稳定，而要勇于接受变化。波动和变化并不是坏事，不仅会考验你的反脆弱能力，还会帮助你建立自己强大的反脆弱系统。

1. 树立危机意识，保持压力源

古人很早就告诫过我们，生于忧患，死于安乐。有的人在职场中工作几年之后就混成了"老油条"，只追求做好分内事，对舒适圈之外的事情却敬而远之，极力回避。最后的结果，很可能是被这个社会淘汰。

朱利叶斯·沃尔夫是德国的一个骨科医生，提出了一个以他的名字命名的定律——沃尔夫定律。

沃尔夫定律是关于骨骼成长的定律，主要是指人体的骨骼如果长时间受到外部压力，骨密度和坚硬程度就会增大。如果一个格斗运动员反复用拳头击打，用腿脚踢打，那么因为其拳头和腿脚受力较多，且长期接受锻炼，所以这两个部位的骨密度就会比其他不受力部位的骨密度大，相关的肌肉也会更加强壮。

一个人的反脆弱能力会像肌肉那样，始于一点点压力，也会随着压力的持续供给而变得强壮。为了获得压力源，你要多行动，多实践，多去探索世界，这样才能遇见一些新奇的事物，看到一些新的变化，感受不确定性，提高危机意识。此外，你还要勇于踏出舒适区，多做一些能力之外的事情，多学习、多钻研，保持一定的压力。这样，即使公司遇到了"黑天鹅"，你也能有随时离开的本事，这就是你的反脆弱性。

我之前公司的领导，即使工作挺不错，他也会隔三岔五地去其他的公司面试。他去面试并不是对现在的工作不满，而是去接受一些挑战，看看当下的市场需要的是什么样的人才和技能、自己和这个市场的预期到底存在多大的差距。

2. 主动试错，攻击自己

在一个多变、无法预测的时代，很多事情单靠想已经想不清楚了。边做边学，边栽跟头边站起来，是这个时代最好的折腾方法。

比如，你要学习游泳，不能先找一本教游泳的书，把所有关于游泳的知识学好之后再下水，如果这样，你就永远都学不会游泳。你真正需要做的是，先行动，先下水试着感知水，感受内心的恐惧，然后在练习的过程中不断地反思哪个动作做对了，哪个动作做错了，进而调整游泳的动作和心态，这样才能够真正地学会游泳。

每一次所谓的失败都只是一次告知你"你之前的假设是错误

的，需要寻找新的假设"的信号而已，是一个转折点，而不是一个终点。

为了适应移动互联网时代，腾讯内部成立了三个团队，谁做得好就用谁的。其实那个时候，腾讯已经有 QQ 了，但马化腾还是敢于攻击自己，勇于试错。最终，张小龙团队开发的微信脱颖而出，现在成了大家每天都离不开的手机应用。这说明腾讯在发展的过程中，其实一直在试错，一直在突破自己。

试错，就是用有限的损失来换取无限的收益，这本身就是一项很强的反脆弱策略。

3. 采用杠铃策略

塔勒布推荐大家在生活的很多方面采用杠铃策略——一个杠铃的两端比较重，中间比较轻，一端是极度的风险规避，另一端是极度的风险偏好。杠铃策略就是重视两端，忽视中间，通过两端的组合来平衡风险。

简单来说，在投资理财的时候，你不能把全部资金都投到非常安全的渠道，也不能把全部资金都投到高风险、高回报的渠道，更不能把全部资金都投到中等风险的渠道。

根据杠铃策略，你可以做以下安排：

● 把 90% 的资金投到非常安全的渠道，以避开"黑天鹅"，这是在极度的风险规避这一端的投入。

● 把 10% 的资金投到高风险、高回报的渠道，即使遇到"黑天鹅"，也只损失 10% 的资金，不会遭受重创，但可能获得很大的收益，这是在极度的风险偏好这一端的投入。

比如，在工作上采用杠铃策略，你可以把主要精力放在本职工作上，而花一小部分精力培养一个兴趣爱好。在医疗上采用杠铃策略，对于感冒发烧这样的小病，你大可不必理会，待其自愈，这可以提高你的免疫力，而对于病危急救，任何可能的救治方式都应该尝试。

杠铃策略可以形成一种对你有利的不对称性，也就是消除不利因素，保护自己免受极端伤害，让有利因素自然地发挥作用，从而让你从波动和变化中获益。

4. 斯多葛派哲学家的安心之法

你拥有的东西越多，依赖的物质条件越多，你就会越脆弱。面对世事变化，你如何让自己不被命运的无常所伤害呢？

在《心智突围：重构心智的底层逻辑》这本书中，我给大家提供了斯多葛派哲学家的安心之法。斯多葛派哲学家给出了他们的反脆弱策略，就是要学会克己——拥有，但不产生情感上的依赖。

卢修斯·安内乌斯·塞内加是古罗马帝国时期的斯多葛派哲学家。他在很多著作中曾表达过，财富会带来不对称性，会让你患得患失，进而变得脆弱，生活在持续的情绪威胁之下。它会最终控制你，让你成为身外之物的奴隶。为了对抗这种脆弱性，塞内加的反脆弱策略是，通过心理练习来弱化财产在心目中的地位。这样，当损失发生时，他就不会受到影响。

斯多葛派哲学家塞涅卡则建议我们：除了预想坏事的发生，我们有时还应该生活得好像坏事已经发生了一样。光想一想失去全部财富还不够，还要定期地"体验贫穷"，给自己主动制造苦难，让自己忍饥挨饿，真正地过一下苦日子。比如，你常常用汽车作为代步工具，偶尔也可以体验一下走路的感受，这种刻意地制造不适，可以锻炼自控力，让你不过分地依赖某种人、事、物。

斯多葛派哲学家的哲学主旨就是驯化情绪，保持对情绪的掌控力，其表现出的就是极强的反脆弱能力。理想的斯多葛派哲学家过的是这样的生活——享受美好，追求成功，但绝不沉溺其中，明白外在的人、事、物可能随时消失。如果荣华富贵转瞬间被夺走，那也是命运使然。在日常生活中，你可以假想如果失去了那个非常看重的东西，该如何面对这个状况及如何调整自己的情绪。

生活中的稳定，不是来自对安稳本身的追求，而是来自你的自身的反脆弱能力。你可以采用以下几个策略锻炼反脆弱能力：

- 有危机意识，能够承受持续的压力。
- 愿意走出舒适圈，积极、主动地试错。
- 采用杠铃策略，从波动中受益。
- 实践斯多葛派哲学家的安心之法，回归内在平静。

　　塔勒布在《反脆弱：从不确定性中获益》这本书的结尾写道："玻璃杯是死的东西，活的东西才喜欢波动性。验证你是否活着的最好方式，就是查验你是否喜欢变化。"真正的稳定，来自自身构建的反脆弱能力。

决定一个人能走多远的，是心理韧性

进化论创始人达尔文说过，生存下来的也许不是最强大的生物，也不是最聪明的生物，而是能够适应环境变化的生物。现代西方哲学最早的奠基人之一尼采曾说过一句格言——凡杀不死我的，会使我更强大。

这些先哲所传达的观点，都指向了一个与我们的人生息息相关的因素——心理韧性。什么是心理韧性呢？清华大学的彭凯平教授给出了这样的定义：心理韧性就是从逆境、矛盾、失败甚至消极事情中恢复常态的能力。

人生，其实就是一场马拉松比赛，有时候你并不知道终点在哪里。你只能按照自己的节奏一步一步地向前跑。这个过程并不容易，因为一路上可能没有人给你喝彩助威，也没有人和你并肩前行，唯一能够让你走得更远，走得更久，并且走到最后的是你的心力，也就是所谓的"心理韧性"。

心理韧性赋予你的三种能力

心理韧性是你在人生中需要具备的关键素质，预示着你在不同的生活状况下，都能够拥有蓬勃的生命力。

一般来说，心理韧性赋予了你三种能力。

第一种能力是复原力，就是一个人在痛苦、挫折、磨难、失败等各种挑战下，依然能够复原，回归到正常状态的能力。

一个人在人生中必然经历很多风雨，所以他的自我调适的复原力就非常重要。具有复原力的人，能够在面临困境的时候不抱怨，并且迅速地平复内心的焦躁不安，从而可以从容地面对现实，灵活应对。

比如，当还是小孩的时候，你动不动就会因为不顺心而哭鼻子，但随着个人的成长，你在面对各种困难的时候，往往会趋于平静，这就是因为你的复原力越来越强了。

第二种能力是坚忍不拔的能力。这就是心理学家安吉拉·达克沃斯所说的坚毅，就像小沙粒一样，无论你怎么碾压，它都不变形。想一想曾经的校园生活，同学们在智力上相差其实并不大，人与人之间更大的差距，其实是个人在学习过程中的坚毅程度。

那些真正愿意花时间理解课本，做好练习，及时总结反思，一路坚持到底的人，才更容易成为学习上的赢家。

第三种能力是创伤后的成长力，也就是之前阐释过的"反脆弱能力"。如果你没有在受到创伤之后依然奋起成长的反脆弱能力，不敢拥抱变化，不敢主动寻求改变，就很容易在危机之下陷入困境。

心理韧性赋予你的这三种能力，能够让你更好地适应这个真实的世界，更好地发展自我，实现自身价值。

有较强心理韧性的人所具备的三大特质

因为生活经历、生活习惯不同，所以每个人自身的心理韧性都有差异。全球知名的市场数据研究机构 CB Insights 通过研究101 家创业公司发现，导致创业失败的 20 个主要原因中有 7 个与团队心态有关系。不管是创立特斯拉的马斯克，还是一直引领华为前行的任正非，大部分国内外卓越的成功创业者除了在自己的领域绝对专精，还有一个共性——有较强的心理韧性。

一个有较强心理韧性的人有什么重要特质呢？

1. 有积极的认知风格

认知风格，就是你对事物的一些习惯性的分析判断。对同一件事情的认知，可以是消极的，也可以是积极的。比如，在沙漠中有两个迷路的人，都只剩了半瓶水。一个人说："惨了，只剩半瓶水了。"另一个人说："太好了！还有半瓶水！"结果，前一个人倒在了离水源仅有几百米的地方，而后一个人凭借半瓶水走出了沙漠。有较强心理韧性的人往往就是那个积极看待半瓶水的人。

所以，你可以使用积极的认知风格去看待眼前的人、事、物，从而做出更有价值的人生取舍。

此外，有较强心理韧性的人也因为这种积极的认知风格，有着比其他人更好的情绪调节能力。在生活中有情绪的波动很正常，关键在于当遇到消极情绪的时候，能否很快地复原。你可以想一想，当遇到不顺心的事情时，你的第一反应到底是消极地抱怨，陷入自责的情绪里，还是积极地面对，让自己恢复平静？

2. 有较强的自我效能感

自我效能感，就是觉得自己有用，觉得自己能行。很多人的自我效能感往往比较弱，常常不够自信，不太相信自己可以把事情做好。这样的心态往往又会进一步让他们发挥失常，陷入失败窘境，进入自我效能感弱的恶性循环中。

每个人对自己的人生都有不一样的态度，最后成败很关键的一点，在于自我效能感。

1506 年，明正德元年，30 多岁的王阳明，迎来了人生中的第一次重大考验。他因为上书替人求情，得罪了借新帝得势的太监刘瑾，不仅入狱，还被贬到贵州龙场。在赴龙场的途中，刘瑾还派人追杀王阳明。这让王阳明一路忐忑，到了杭州后，精心设计了一场自杀骗局：将自己的帽子和鞋子丢进了钱塘江，还在岸上留了封遗书，写明自己无意苟活于世，于是选择投江自尽，这样才得以摆脱追杀。

这时的王阳明对生活心灰意冷，对人生不抱希望，想要从此归隐田园，不问世事。他登上一艘商船到了福建，在上岸投宿的时候，意外地碰到了一位故人。这位故人是曾和王阳明畅谈一夜的道士，了解了他在遭遇如此大的打击后厌倦官场，想隐匿山林，就劝王阳明要考虑周全，毕竟抗旨会累及家人，另外还给他算了一卦。

这一卦叫"明夷卦"，道士给的解释是："主体正遭逢劫难，但一定不能轻言放弃，而要像周文王那样，在困境中坚持下去，因为黎明很快就到了。"看了卦象，听了这番劝解，王阳明放弃了归隐的想法，也重新拾起对生活的信心，很快就赶往龙场赴任。龙场悟道、独创心学、平定叛乱等，都是在他看了卦象之后发生的。

为什么王阳明的人生因为一卦就发生了翻天覆地的转变？原因在于他重建了自我效能感。

一开始，他像很多人一样，抱怨苍天不公，难逃厄运，失去了活下去的希望，但是在理解了"明夷卦"的含义后，就突然像是一个偷看了人生剧本的人，相信上天给自己的种种安排都是为了成就自己。这种信念让他的心境发生了逆转，能够用平常心看待生活中的各种磨难。别人眼里的艰难险阻，都是生活为了成就他而出的一道道题目。他就像"天选之人"，一路前行，不再畏惧，而这不仅在于他理解了生活的真谛，还源于他自身较强的自我效能感。

生命就是一次解决问题的旅程，你要相信自己能够完成答卷，给出独一无二的答案。如此，你的人生才会充实而富足。

3. 有强烈的内控意识

一个心理韧性较强的人，是有强烈的内控意识的，会自己决定做什么事情，他的自尊心比较强。他有目标，有追求，能够有意识地控制内在的自我，不被波动的外在所影响。

在这个世界里发生在你身上的事有很多，有的事是好事，有的事是坏事，你做事并不会顺风顺水。你需要明白，在生活中有些事是你能够控制的，有些事是你控制不了的，而你要做的就是只关注你能控制的事。只要有强烈的内控意识，就有勇气改变那些可以改变的事，有肚量容忍并接受那些不能改变的事，并且有智慧区别以上两类事。

纽约大学的哲学教授马西莫·匹格里奇提到过"斯多葛控制二分法"，就是主张我们关注能够控制的东西，做好自己。

他在坐地铁的时候，发现钱包被偷了。钱包里有各种证件、信用卡，补办肯定是非常费劲的。一般人在遇到这种情况时，肯定会自责、愤怒，在未来的几天都会活在郁闷之中。匹格里奇这时却习惯性地使用了"斯多葛控制二分法"。他想，钱包被偷这件事是没办法控制的，只能接受，而钱包已经丢了，他就应该关注那些能控制的部分，做好自己能做好的事。然后，他就选择好好度过这一天。本来他已经和朋友约好晚上看一场演出，结果他根本不受钱包被偷的影响，看计划好的演出，吃该吃的饭，生活一点儿也没受影响。

匹格里奇主张我们修炼内控意识以增强心理韧性，因为他知道我们是控制不了外界和他人的，但是可以做好自己。

当为自己构建了积极的认知风格，有较强的自我效能感和内控意识的时候，你的心理韧性自然就会增强。在成为一个有较强心理韧性的人后，你就能在人生的路上走得更远，同时也能把该做的事做成。

如何增强个人的心理韧性

一个有较强心理韧性的人，往往更能接受挑战和不确定性，可以接受生活中的困难和失败，并从中学习和成长。根据前面对心理韧性及其重要特质的理解，你可以从以下几个方面来增强个人的心理韧性。

1. 与大脑紧密合作，提升自我效能感

如果一个人的自我效能感强，他就一定能够扛住各种压力、挫折和打击，甚至会把各种压力、挫折、打击当作锻炼自己的机会。

在前面的章节中介绍过如何与大脑紧密合作来实现人生的高效能，你可以通过与大脑紧密合作来提升自我效能感，进而获得更强的心理韧性。具体如何与大脑紧密合作，你可以回过头去看看《在日常生活中与你的大脑紧密合作》。

2. 将积极的想法放在首位

你的大脑里其实有很多想法，有些想法是积极的，有些想法是消极的。如果你不主动察觉并识别这些想法，就很容易被各种想法牵着鼻子走。

请将积极的想法放在首位，以便在最需要的时候随时可用。对于你来说，这意味着每天清晨或晚上，你要安静地坐下来，仔细思考需要记住的内容。你可以简单地记录那些有助于达到生活平衡的想法，并且反复回忆日常的行为举止是否与这些想法一致。

我称这些积极的想法为肯定语或者信念。这些日常的反思，会让你保持动力和正念，让这些积极的想法在你的大脑里扎根，

即使生活混乱不堪，你的大脑也依然可以保持平静。你最终会发现，平静并不意味着待在一个没有噪音和麻烦的地方。平静其实意味着身处所有这些事情之中，大脑依然冷静，内心依然强大。

你可以每天早上（或晚上）回顾自己写下来的肯定语或信念，然后安静地坐两分钟，同时在脑海中默念一遍。当真正开始实践的时候，你会感到自己的心理韧性越来越强，可以更加从容地面对生活中的挑战和困难。

3. 提高自我调控能力

延迟满足的实验大家应该都听过：桌上有棉花糖，然后给一个孩子两个选项——你可以马上吃一颗，或者你忍住不马上吃，阿姨会给你两颗棉花糖。这个实验就是要看这个孩子在追求更好的奖赏的过程中，能不能忍住，这需要一定的自我调控能力。自我调控能力与一个人的学习成绩、社会地位及社会成就密切相关。

佛罗里达州立大学的著名心理学家鲍迈斯特发现，自我调控能力其实和肌肉力量一样，是可以锻炼的。你不断地挑战自己的心理控制能力和意志力，如果能够适应，你的自我调控能力就会变得越来越强，同时也就增强了心理韧性。

你可以用以下几个方法锻炼自我调控能力。

（1）坚持做一项健身运动。你坚持体育锻炼，就是不断地挑战自我，做自己不想做、不愿意做的事情，但是持之以恒就锻炼了自己的意志力。

（2）**想象目标**。能够把两颗糖和一颗糖的区别想明白，自我调控能力就会增强。所以，当目标很明确，时刻能够想到有更远大的追求时，你就能有更强的心理韧性面对眼前的困难和挫折。

（3）**专注于心流体验**。如果你在做任何事情的时候，都能够沉浸其中，物我两忘，身心合一，就说明你有很强大的自我控制力，所有的思想都集中在此时此刻的感受，那就是一种正念，一种心流体验。心流体验的时间越多，你的自我调控能力就越强，心理韧性也就越强。

罗曼·罗兰曾说过："世界上只有一种真正的英雄主义，就是认清了生活的真相之后，仍然热爱它。"生活的真相是什么呢？它有幸福，有成功，也会有失败，有痛苦……而一个人要想真正地把人生活明白，需要的是一种强大的心理韧性，在人生的沉浮里，勇敢地做出选择，面对成败。

人生选择的底层逻辑

有的人在十年前买了几套房，结果成了千万富翁，有的人在前几年进入股市，结果却一贫如洗。有的人顺风顺水步步高升一路"躺赢"，也有的人忙忙碌碌东奔西走依然举步维艰。每个人一路走来，都在做着这样或那样的选择。你选择上学，他选择出国；你选择上班，他选择创业。那些看似不经意的选择，总会在往后很长的一段时间里左右着你的命运。

有的人说："我们做出的大小选择，决定了我们今生成为什么样的人，过着什么样的生活。"我很赞同这句话，人生是由一次一次选择构成的，而选择之后的结果经过时间的沉淀就汇流成了一个人命运的小河。小的选择有今天是选择吃白水煮青菜还是吃啤酒炸鸡排，大的选择有要找什么样的工作、跟谁结婚、要不要跳槽。

选择的重要性，在这个时代被赋予了更多的意义和价值。与过去我们无法选择相比，如今我们的选择显然要多得多，同时也让我们纠结得多。选择之所以难，就是因为我们在当下看不到一个确定性的答案，摆在我们面前的选项往往都各有千秋，各有优劣，着实让我们难以抉择。

下面来看一道选择题。一列火车正在前行，司机突然发现前方有九个小孩正在铁轨上玩耍，刹车已经来不及了。前面还有一个岔道，只有一个小孩在废弃的铁轨上玩耍。如果这时扳道工扳道岔，改变火车前进的方向，那这个小孩会被撞死；如果不扳道岔，那九个小孩就没命了。

如果你是扳道工，会怎么选择？很明显这是一次两难的选择，如果你认为活着的人的数量比较重要，那么可能选择扳道岔；如果你认为在废弃铁轨上玩的小孩遵守规则，生命价值更高，那么可能选择不扳道岔。

其实，选择的不同，往往来自每个人内心不一样的价值取舍，这就涉及了价值观。

- 你认为安逸平淡最重要，还是挑战折腾最重要？
- 你认为事业成功最重要，还是家庭幸福最重要？
- 你认为追随世俗最重要，还是坚持自我最重要？

这些都没有标准答案，完全是个人的选择，但这些选择的背后，折射出来的是你对人生的见解和取舍。

在快节奏的生活里，时间太紧，难题太多，选项太多，我们总是很容易在面对选择的时候不得要领，焦虑烦躁，总是想追求那个最优解，但往往事与愿违。这里想要与你分享的，不是教你如何选择最终成为人生赢家，毕竟每个人内心都有自己的标准，况且很多现在看来正确的选择往往是运气使然的，随机性太大，而我更想要探究的，是大多数选择背后的那些我们可以把握的思考逻辑。在基于这些思考逻辑延伸出来的人生原则的指导下，我们可以更好地应对生活给我们出的各种难题，做到内心自洽。

选择主动

我曾经看过这样一个有趣的故事：妈妈在给孩子检查作业，练习册上有这样一道题。题目给了某个地方一年 12 个月的气温变化统计图和降雨量变化统计图，问题是"如果你们一家准备在这个地区旅游，那么你会向爸爸妈妈建议几月去？简单说一下你的理由。"

下面歪歪扭扭地写着一个答案：我会 8 月去，因为我的生日在 8 月，我可以在那里过生日。而在试题中，8 月正好是气温比较高（30℃以上）、降水量比较多的月份。很明显，小孩的答案并不是这道题的标准答案，因为出这道题的目的就是想让他选择合乎常识和逻辑的月份，比如不冷不热、降雨又少的 10 月。

练习题有标准答案，但人生没有标准答案。那个小孩的答案虽然看起来是错的，但是真正属于他自己。很多人在生活中都有从众的本能，因为那是一种最简单、最省力的选择方式。他们不需要太多的思考，也无须纠结选项的优劣，在他们的心里，经过了很多人验证的选择，总归不会出什么大错。很多时候，我们会被社会的、别人的价值观裹挟，做出并非出自个人本意的选择，甚至很多时候对这种被动的选择毫无意识。

我有一个离婚的朋友，她早在几年前就想离婚了，但是周围的人都劝她不要离婚，结果她没有离成。现在有了孩子，家庭矛盾还是没有解决，但如今的她选择了离婚。这时，原来那群劝她的人已经不再说话，就好像与他们无关，该干吗干吗。

没有人会为你的选择负责，除了你自己。所以，最重要的是，你要主动地做选择，因为在这个世界上，没有人比你更了解你自己，你最需要的是质疑那些在耳边反复念叨的"应该……"，然后依照自己的价值观做选择，即使最后发现，经过思考之后的选择和别人的建议是一样的，那也是你主动做的一次人生探索，而不是一次投机取巧的盲从。

更进一步讲，只有主动做出选择，你才愿意为选择之后的结果负责，而不会在失败之后怨天尤人。尽管这种主动的选择有可能是错的，但是它真正地属于你自己，而且正因为你会犯错，所以你才有机会纠正自己错误的价值取舍标准，让自己更快地成长，以便让自己在未来做出更正确的选择。

选择初心

一个老教授在课堂上问学生："如果你们去山上砍树，面前正好有两棵树，一棵粗，另一棵细，你们会砍哪一棵？"

问题一出，学生们都说："当然砍那棵粗的！"老教授笑了笑，接着问："那棵粗的不过是一棵普通的杨树，而那棵细的却是红松，现在你们会砍哪一棵？"学生们想了想，觉得红松比较珍贵，就说："当然砍红松了，杨树又不值钱！"

老教授接着又问："如果杨树是笔直的，而红松却七扭八歪，你们会砍哪一棵？"学生们有些疑惑，但很快就说："如果这样，还是砍杨树，红松弯弯曲曲的，什么都做不了！"老教授不容喘息地继续问："可是杨树之上有个鸟巢，几只幼鸟正躲在巢中，你们会砍哪一棵？"这时，学生们面面相觑，不知道老教授想得到一个什么样的答案。

最终，老教授收起笑容，说："你们怎么就没人问问自己，到底为什么砍树呢？虽然我的条件不断变化，可是最终结果取决于你们最初的动机。如果想取柴，就砍杨树，如果想做工艺品，就砍红松。你们当然不会无缘无故提着斧头上山砍树！"

很多时候，你就像那些不断随着条件变化而改变选择的学生们，因为已经走得太远，而忘记了自己为什么出发。什么是初心？

初心就是一开始驱动你做一件事情的起心动念，而不是对外界财富和权力的追逐。面对生活的选择，你更需要回到出发的原点，找到自己当初出发的理由，发现那个快要被自己遗忘的内心力量。

你为什么学习，为什么工作，为什么创业，为什么奋斗？每个人都有各自的理由，但并不是每一个答案都能够被称为初心。

一个人看到有人因为运营公众号名利双收，所以就给自己设置一个写作的初心，希望能够靠写作获得可观的财富，这样的初心只是人生的欲望。初心不是随口一说的欲望，不是一时兴起的盲从。相反，真正的初心建立在你对自己和外界的认知经验之上，来自内心真正的热情和信念。你明白了自己的初心，就明白了人生的目标，这是一个向内探索的过程。所以，初心应该来自内在的需求，是你可控的，而不是来自外在的功名利禄这些不受你控制的东西。

审视初心，就是要审视出发时候的"为什么"，只有那个直击内心的答案才能激发你的动力和潜力。那为什么这个"为什么"如此重要呢？

美国学者西蒙·斯涅克做过一次有关领导力的演讲，其中说到他有一个新发现，这完全改变了他对这个世界如何运作的看法，甚至从根本上改变了他的工作和生活方式。他发现世界上所有伟大的组织和领袖，无论是苹果公司、马丁·路德·金还是莱特兄弟，他们思考、行动、交流的方式都完全一样，但是与其他组织和其他人的方式完全相反。

西蒙·斯涅克称这种模式为黄金圆环。

最里层是"Why"（为什么），中间层是"How"（怎么做），最外层是"What"（是什么）。

每个组织、每个人都明白自己做的是什么，其中有一些组织和人知道该怎么做。"How"这一层可能会产生一些差异价值，比如独特工艺、独特卖点，但是只有非常少的组织和人明白为什么做。

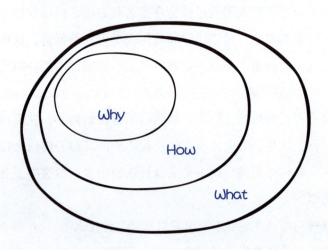

很多人面对自己所做的事情，往往会说为了钱，但是钱只是一个结果，而且永远只能是一个结果，它无法触及黄金圆环里的那个核心"Why"。这里的"Why"，指的是你的目的是什么、你做一件事情的原因是什么、你怀着什么样的信念、你的价值取向是什么。

从"Why"出发，然后经过"How"，才能更好地获得"What"。那些优秀的组织和个人的思考、行动、交流的方式都是由内而外的。

大多数人都没听说过塞缪尔·兰利这个人。

20 世纪初，研制飞行器就像当今互联网创业这样热，很多人都在尝试。对于塞缪尔·兰利而言，他拥有所有大家认为能够成功的要素，占尽了天时地利人和：美国国防部给了他 5 万美元作为研制飞行器的资金（这可是 20 世纪初的 5 万美元）。他在哈佛大学工作过，人脉极广，认识当时最优秀的人才，雇用了用资金能吸引到的最优秀的人才，并且当时市场也对他很有利。《纽约时报》对他跟踪报道，很多人都支持他。

与此同时，几百公里之外的俄亥俄州代顿市有一对兄弟——奥维尔·莱特和维尔伯·莱特，他俩没有任何我们认为能够成功的要素。他们没有钱，要用自行车店的收入来追求他们的梦想。他们的团队里没有一个人上过大学，周围也没有很多人支持。不同的是，莱特兄弟追求的是一个事业、一个目标、一种信念，相信如果能研制出飞行器，将会改变全世界，这是从"Why"层出发来做一件事情。而塞缪尔·兰利想成名，追求的是最终的结果，只是停留在了"What"层。

接下来怎么样呢？那些和莱特兄弟一样有梦想的人跟着他们热火朝天地奋斗着；另一边的人则只是为了工资而工作。最后，1903 年 12 月 17 日，莱特兄弟制造的飞机成功起飞，而兰利在莱特兄弟成功的当天就辞职了，因为他没有成为第一个制造飞机的人。

只有从黄金圆环里的"Why"层出发的人，才有足够的动力来激励自己并且影响别人，才有可能在人生的路上实现梦想。

黄金圆环其实有着深厚的生物学基础。当俯视大脑的横截面时，最外层的大脑皮层对应着"What"层，负责对外界的显意识感知，能让你理解大量的复杂信息，但不足以激发行动，特别是在外界给予你负面反馈的时候。里层的边缘脑对应着"Why"层，反映出内心潜意识层面的真正需求，负责所有的情感（比如信任和忠诚），深刻地影响着你的行动和决策。

比如，你明明知道学习这件事情能够让你的能力提升，但是内心很抗拒，感觉不对，不想学习，这其实是因为你并不知道为什么要学习，以及学习的理由、动机和信念不清晰。从黄金圆环的"Why"层出发来审视初心，会让你真正听从内心的召唤，找到能够激励你前行的那个有力的答案。

有人问联想的柳传志，是应该坚持初心还是应该顺势而为？他的回答是，初心是大方向，比如要从北京到洛杉矶，在确定了大方向后，要考虑怎么去，如果坐船，那么要考虑中间要停靠几次，可以从什么地方进行补给。初心就像指南针，让你能够始终找到前行的方向。

不忘初心的选择，能够让你专注地、长时间地做那些真正能够激发内心动力的事情，这时的你不是被外界理性的目标所裹挟，比如要赚多少钱、要达到什么地位，而是被一种情感的强大力量所鼓舞，塑造自己的人生。选择初心，就是在抉择之前，问问自己内心所向往的是什么，问问自己做一件事的意义是什么，问问自己什么是真正在意的。

选择善良

关于善恶的道德评判，德国哲学家康德有一个基本客观的定义——

（1）你的行为是否具有逻辑的普遍性？

（2）你的行为本身是否可以持续？

比如，你选择的发财方式是借钱不还，是不是道德呢？一方面，你借钱不还在逻辑上是没有普遍性的，因为如果把这个逻辑用在你的身上，你愿意吗？别人借你的钱不还，显然你是不愿意的，所以它不具有逻辑的普遍性。另一方面，你借了别人的钱不还，下次你还能跟他借到钱吗？他肯定不会再借钱给你，所以这种发财方式是不可持续的。

那种没有普遍性、不可持续的事情，往往就是不道德的，就是在作恶，一如那些频频暴雷的 P2P 理财。

在人生的岔道口上，你要做那些能够让自己的行为具有普遍性和可持续性的选择，如此才能让你在与他人的互动中获得意义感和价值感。选择善良，就是保证自己的行为具有普遍性和可持续性。

Google 有个口号叫 Don't be evil（不要作恶）。Google 不把广告内容放入搜索结果中，其实就堵死了赚快钱、"恶钱"的捷径。

Google 看似愚蠢的行为，其实恰恰具有普遍性和可持续性，在善良和邪恶之间，它选择了前者。它没有接受赚快钱、"恶钱"的诱惑，因为它很清楚这只会让它越来越恶，从根本上丧失创造性和可持续发展。

相反，它选择了另一条路径——创新之路，发展自己的搜索技术，通过数据挖掘技术获得对每个搜索者需求的洞察力，然后依据这种洞察力在内容搜索结果的右边放置与搜索者的需求相匹配的广告，这样就会大大增加搜索者点击广告的可能性。在这种创新之下，Google 既没有干扰搜索结果，也赚到了钱。驱动这种改变的是创新，这种创新给它带来了用户喜闻乐见的普遍性和可持续性，同时也让它能够越走越远，越走越好。

亚马逊创始人贝佐斯认为，善良比聪明更重要，在面对不确定性的时候，聪明是不足以让你做出正确决策和选择的，反而是善良这种与认知好像没有关系的特质能帮助你做出正确的决策。

当选择善良的时候，你会更愿意给予而不是索取，会更懂得约束自己的行为以利他，而不是为一己私利为所欲为。这时，你会主动地为自己开辟出一条新的路，而不是走进一个死胡同。

选择善良，就是选择那些具有普遍性和可持续性的行动。等一切尘埃落定，你回头去看，会发现这些往往都是最好的选择。当不知道该怎么选的时候，你可以想一想那个更善良的选项。当然，你的善良肯定不是那种愚昧的善良，而是一种有智慧的、聪明的善良。聪明的善良不是让人一味地忍让，毫无底线，而是让善良自配一副铠甲。当做选择的时候，你不妨问一问自己，这次选择之后的行动是否具有普遍性和可持续性。

选择成长

在人生中，幂次定律起着广泛的作用。幂次定律类似于二八法则、杠杆原理，也就是说，你的人生中的大部分成就都来自很少的事情。比如，投资的大部分收益往往来自某一两个投资项目，大部分工作业绩往往来自少数的几个大客户。

普通人的崛起没有什么窍门，最重要的是找到人生中那些少量成长性很高的事，然后为之拼尽全力。如果你把时间放在吃饭、看电视剧、逛淘宝、玩游戏这些事情上，那么也许当时会很开心、很满足，但是它们无法对你的人生产生更深远的影响，无法在未来生成更多的成果，相反，它们会让你变得懒散，变得颓废，最终让你未来的生活变得艰辛而平庸。如果你把时间放在读书、学习、锻炼上，专注于自己的优势，做那些对未来有价值的事情，也许当下会很烦躁，会很难受，但这类事情的影响和效用却会在长期的积累之下显现出来。

这些成长性的行动和思考会借助时间的加持，让你的目标和理想生根发芽，在某个时刻变幻成改变你的人生走向的"黑天鹅"事件。"黑天鹅"事件是突然发生的，不过等你回过头来看，一切又那么符合逻辑。

工作和生活的第一性原理，其实就是成长。所以，你做出选择可以基于以下几点：

（1）这件事情能不能积累我的能力？

（2）这件事情能不能帮我完善已有的能力？

（3）这件事情能不能让我获得新的能力？

比如，对于是否要看一档辩论式综艺节目这个问题，如果你只是把它当作娱乐，那么这肯定对你没有太大价值，你可以选择不看；如果你把它当作提升逻辑思维的途径，反复"咀嚼"每个选手的思维逻辑，思考自己有什么独特观点，那么可以选择看。

当用成长性做选择的时候，你就在不断地让自己成长，不断地改善自己的技能、认知和思考逻辑。

选择的过程，就是一个价值观打磨的过程，让你更清楚自己在意的是什么、看重的是什么。这是一个去伪存真的过程，是你用自己的价值观来创造生活的过程。

得到和失去，存在于生活中每一次选择背后的较量。有选择就会有得失，有得失就会有好恶，有好恶也就生出了各家意见，而每个人都有自己的立场、阅历、经验、感悟，所以各自的选择就千差万别，大相径庭。

选择没有对错，它只是你给生活交出的一份没有标准答案的答卷。你无法确保每份答案都令人满意，但是可以依赖下面这些更接近世界真相的思考逻辑和价值原则来做决策：

- 选择主动，为自己的人生负责。

- 选择内心所向，不忘初心。

- 选择善良，做那些具有普遍性和可持续性的事情。

- 选择成长，让自己的心智始终保持进化。

当越来越了解自己并越来越清楚想要成为什么样的人、过上什么样的生活时，你就知道如何在生活中做出符合内心的选择。在人生的路上，是该左转还是该右转，是该前进还是该后退，全在于你自己，而你要做的就是通过无愧于心的选择来成就自洽的人生。

附 录

自洽人生指南

并不能说一个拥有自洽力的人在以后的人生中会一帆风顺，事事顺利。他在生活中依然会碰到难沟通的人，会遇到难办的事。不过，因为他有了汲取于内心力量的自洽力，所以可以从容、淡定地看待周围的世界，没有焦虑，没有期待。这让他在为人处事的过程中活在当下，专注于做好该做好的事，而不被内在情绪和外在环境牵着鼻子走。

自洽的人生，会让你由内而外散发出平静和松弛感。你很清楚地知道自己是谁，想要什么，所以在面对生活中的各种状况时，都可以在清晰的自我认知中用自洽的思维方式和行动策略来指导生活。

前面介绍了各种自我认知方法、思维方式及行动策略，下面提供一份自洽人生指南。你可以把它当作日常生活中的向导，当遇到问题的时候，可以看一看里面是否有相似的状况。如果有，你就可以参考在这种状况下应该用什么方法和策略提升自洽力，回归内心的平静，从而从容地面对生活，解决问题。即使问题无法立刻解决，你也会有更大的内心力量去面对它，接受它，并最终解决它。

状况 1：每天上班、下班，过着公司和家里两点一线的生活，非常单调乏味，不知道自己到底想要什么。

 自洽指南

其实迷茫在 40 岁之前是人生常态。你从小到大并没有上过

任何一门课来学习如何过好这一生。人生该怎么过并没有标准答案，但是你可以看一看本书中以下章节来找到只属于自己的答案：

- 《人生最重要的问题：你愿意承受什么样的痛苦》
- 《成为你自己，才是人生暴富的捷径》

状况 2：生活很不规律，晚睡晚起，身体越来越肥胖，每天都想让自己积极一点儿，自律一点儿，但总是三天打鱼两天晒网，好难过。

 自洽指南

你希望自己积极上进，但可能总是事与愿违。这其实与你的内心的真实渴求有关系，所以你要追求的是自驱而不是自律。你要通过科学的方法挖掘人生的动力。请参考以下章节：

- 《间歇性自律、持续性懒散，你到底做错了什么》
- 《做事没有动力，你该怎么办》
- 《寻找人生中的"阻力最小路径"》

状况 3：明天有一件很重要的事要做，内心好焦虑，担心做不好，怎么办呢？

 自洽指南

当把一件很重要的事搁在心里的时候，你就容易把它无限放大。当它在你的心里的分量太重的时候，你就会感觉到有压力，焦虑、担忧的情绪就容易滋生。如何释放压力，从容应对呢？请参考以下章节：

- 《生活给什么都能接得住的人，才能获得自由》
- 《在日常生活中与你的大脑紧密合作》

状况 4：在生活中总是爱发脾气、不开心，容易与家人和朋友，甚至陌生人闹矛盾，怎么办？

 自洽指南

情绪化的生活是最消耗心力的。一个人越被情绪所困，就越容易一事无成，陷入人生困境。请参考以下章节来了解情绪，觉察情绪，并最终释放情绪，做一个有情绪却能自由掌控情绪的人。

- 　《保持情绪稳定，做生活的主人》
- 　《自我觉察的层次》

状况 5：做什么事都不太自信，总是在做事的关键节点掉链子，也从来不敢主动争取，觉得自己不如别人，不配得到好的结果。

 自洽指南

很多人一生都在寻求外界的认同，却从来没有意识到对自己的认可和接纳才是更重要的事。你只有认可自己，接纳自己，才会慢慢地建立起自信。自信从来不来自外界，而来自你的内心对不完美的自己的接纳。要想学会接纳自己，请参考以下章节：

- 　《自我觉察的层次》
- 　《幸运是一种看待世界的方式》

状况 6：中年被裁，刚毕业就失业，失恋了好难过，感觉人生没有希望了。

自洽指南

　　每个人的身上都会发生不那么美好甚至可以称为悲惨的事，这些都是无法控制的。当面对这样的困境时，你唯一可以做的就是改变固有的认知方式，耐心地分析当下的状况并积极面对。如果你正在面对类似的困境，那么请参考以下章节：

- 《"内卷化"的生活，如何破局》
- 《决定一个人能走多远的，是心理韧性》
- 《内心自洽的五大思维模式》

　　状况 7：每天的时间都不知道花在哪里了，想要做的事一件也没做好，感觉浪费了很多时间。

 自洽指南

　　人生最宝贵的财富就是时间，每个人一天都有 24 小时。如何充分地利用时间，决定了你的成就有多大。要想成为时间的朋友，请参考以下章节：

- 《懂得做事耐心的人，才是时间真正的朋友》
- 《比情商更重要的是一个人的时间商》

状况 8：回顾人生，从 20 岁之前觉得自己是"天选之人"，到如今好像并没有做成什么事，学习不好，工作不出色，生活也不如意，感觉自己遇到过很多机会，但都没有把握住。

 自洽指南

很多时候，你是按照生活的惯性在活着的。你越习惯把事做好、做极致，你的人生就会越有成就感。如果你总是习惯做事半途而废，你的人生就会越来越潦倒。怎么让自己把握住人生的机会，过上自己想要的生活呢？请参考以下章节：

- 《别太把自己当回事，要把自己做的事当回事》
- 《找到最重要的事，不断重复做》
- 《把一件事做到极致》

状况 9：我希望在生活中没有问题，没有突发的状况，一切都按照我的想法进行。我希望事事顺心如意，却总被生活里层出不穷的问题和突如其来的困难困住，为什么生活总是不尽如人意呢？

自洽指南

无常就是这个世界的本质，生活里唯一不变的就是变化本身。你不能指望这个世界按照你期望的剧情发展，因为外界从来不是你可以掌控的。你唯一可以做的，就是着眼于自身，建立自身的反脆弱系统，用科学的认知去抵抗生活中的风险。请参考以下章节：

- 《在不确定的世界里追寻概率的提高》
- 《生活的稳定来自你的反脆弱能力》

状况 10：我是该工作还是该考研？我到底该不该急着结婚？有两个工作机会，该选哪个呢？

 自洽指南

人生中充满了各种选择，你每天都在做这样或那样的选择，即使是最小的选择，其实最终也会对你的人生走向有影响。如何做选择，是每个人都要学习的人生必修课。如果你面临着人生的重大选择，那么我希望你好好看一看以下章节：

- 《人生选择的底层逻辑》

状况 11：父母总是要求我按照他们的方式生活、考学、工作，现在还催婚。我和他们的矛盾越来越大，冲突越来越多。我不知道是该反抗还是该顺从。我似乎并不能为自己的人生做主，害怕父母说我不孝顺。

自治指南

每个人都只拥有一次生命，最好做自己想做的事（当然，前提是做的事要合理合法），对自己诚实，不要撒谎。看别人的脸色活着，回应别人的期待，那是为了别人而活。其他任何人（包括你的父母、上司、朋友、社会主流群体等）都没办法替你活，因为在人生的最后阶段，能说"活得很有意思，走这一遭太棒了，很庆幸自己过了这样的一生"，比在其他人的眼里有用、有价值更重要。过自己想要的人生，为自己的人生负责，这并不是不孝顺父母。如果你还活在他人的期待里，那么请好好阅读下面的章节：

- 《成为你自己，才是人生暴富的捷径》
- 《人生选择的底层逻辑》

状况 12：工作上很有压力，同事之间竞争激烈。我不知道是不是应该随大流跟同事一起"卷"起来，人家做什么我也跟着做？

 自洽指南

竞争往往是因为资源有限或大家势均力敌。普通人无法改变资源和环境问题，那就只能专注于自我的提升。不管这个世界如何变化，不管别人如何"内卷"，你需要做的都是认清形势，专注于做当下最应该做的事。专心致志是一种回避竞争的策略，甚至可以叫"超越竞争策略"。因为当非常专注地做一件你应该做并且值得做的事的时候，你就容易进入心流体验，甚至达到巅峰体验。所谓巅峰体验，就是你的思维清晰，内心清明，毫无杂念，可以全力以赴把事做好的状态。当一个人专心工作，专心做那些重要的事的时候，他就真的在某一个方面可以比别人做得好，所以没必要与别人较劲，而应该持续地在自己的身上下功夫。对于如何持续地在自己的身上下功夫，请阅读以下章节：

- 《保持情绪稳定，做生活的主人》
- 《把一件事做到极致》
- 《"内卷化"的生活，如何破局》

状况 13：当前你正在做一件很重要的事，或者遇到了一个你认为很重要的人，因为你很在乎这件事或者这个人，所以有些焦虑，担心事情不会朝预想的方向发展。

 自治指南

你越想做成一件事，就越不容易做成。你只有把心态放松，才会心想事成。对于很多事，你在刚开始做时，折腾了很久都没有结果，但是停下来放一放、歇一歇，再回过头来做时很快就"柳暗花明"了。这涉及两个特别重要且有趣的真相：

- 很在意一个人或一件事，会产生反作用力，让那个人或那件事离你越来越远，所以你要懂得适时放手。
- 你要始终相信问题最终会被解决。

所以，你需要在生活中培养自己"停一停"的能力和"先相信，后看见"的心态。只有这样，你才能淡定地看待那个困扰你的问题，让结果在你毫不在意的时候靠近你。请阅读以下章节：

- 《自我觉察的层次》
- 《别太把自己当回事，要把自己做的事当回事》

状况 14：我非常在意别人的看法，不敢做真实的自己。我对别人说的每句话看似都不在意，但其实非常在意。人怎么才能做到不在乎别人的评价呢？是靠不要脸就行吗？

 自洽指南

每个人都是独一无二的个体，你必须对自己的人生负责，而不是对别人的评价负责。你要成为自己人生的主人，而不是成为别人眼里那个他所期待的人。周国平曾说："世上只有一个你，你死了，没有任何人能代替你活；你只有一次人生，如果虚度了，没有任何人能真正安慰你——那么，你还有必要在乎他人的眼光吗？"

想要成为你自己，不在意他人的评判，请阅读以下章节：

- 《成为你自己，才是人生暴富的捷径》
- 《别太把自己当回事，要把自己做的事当回事》
- 《内心自洽的五大思维模式》

状况 15：我在做事的时候总想快一点儿得到结果，但往往事与愿违，越着急，事就越做不好，怎么才能静下来好好做事呢？

自治指南

在这个快节奏的时代，能做到延迟满足的人很少。因为你习惯了"短平快"的生活节奏，无法从更长的时间维度来做决策。如果你做事没有耐心，总希望快速得到一个好结果，那么我建议你阅读以下章节：

● 《懂得做事耐心的人，才是时间真正的朋友》
● 《把一件事做到极致》

状况 16：我不想努力了，因为努力似乎改变不了什么。我只想"躺平"，什么都不去想，什么都不去做。

 自治指南

越来越多的年轻人选择"躺平"，对人生的追求越来越少，开始变得"佛系"。可是，"躺平"就是面对未来变化的最佳策略吗？我并不这样认为，因为"躺平"意味着对糟糕生活的绝望和消极应对，不仅没有办法解决问题，还会让你遇到越来越多的问题。与其"躺平"，不如好好思考该如何自治地过好这一生。"躺平"并不能带给你自治，也无法让你的生活变得有意义，你可以通过阅读以下章节找到人生新的机会：

- 《成为你自己，才是人生暴富的捷径》
- 《人生最重要的问题：你愿意承受什么样的痛苦》

状况 17：如果我不喜欢现在的工作，不喜欢同事、老板，那么该不该换一个工作呢？

 自洽指南

很多时候，你不喜欢一个工作，很可能是因为你的能力不足，没有办法把这个工作做得得心应手，也有可能是因为你不太适应周围的环境。不管是哪种原因，我都建议你扪心自问，"到底是我的内心的哪个部分让我感受到了这个工作不好？"当向内看的时候，你更容易发现问题的关键所在。相反，如果你总向外看，总把问题归咎于周围环境和他人的原因，就很容易抱怨，产生消极负面的情绪。如果你没有解决自己的内在问题，那么即使换一个工作，也可能会不喜欢那个工作。你看一看以下章节，也许可以慢慢地学会向内看：

- 《生活给什么都能接得住的人，才能获得自由》
- 《内心自洽的五大思维模式》
- 《人生选择的底层逻辑》

状况 18：我找不到生活的意义，什么样的人生是自由的呢？要有很多钱吗？要住很好的房子、开很好的车吗？如何获得自由的人生呢？

 自洽指南

什么是自由的人生？并不是你有很好的工作，住很大的房子，有很多钱，有很多资源，你的人生就自由了。你可以看一看周围那些在物质上很富有的人，他们仍然有很多烦恼，依然要面对很多问题。虽然他们的人生看起来比穷人多了很多选择，但是他们依然不自由。真正自由的人生，是指你在面对任何人生无常的时候，都能始终保持内心的平静和自洽，不被情绪支配，不过分依赖外界的人、事、物。

内心恐惧是人生自由最大的敌人。在遇到事时，你的第一反应代表了你对生活的态度。这种态度会影响你的人生的每一次选择。所以，你要多观察自己遇到各种人和事的情绪与感受，从中可以看到内心到底在恐惧什么、你到底是什么样的人、你真正的渴求是什么，这些对自我的认知及对情绪的接纳，将会帮助你找到通往自由的大门。通过阅读本书，我相信你可以找到一些有关人生自由的答案。

后记：自洽地活

我看过一个职场综艺节目，选手需要在一个接一个的项目中展示自己的能力和才华，争夺仅有的几个职位。

有一个选手特别吸引我，让我很钦佩。这个选手在自我介绍的时候，说自己是冷漠的人，不太会推销自己，展示自己的才华就行了。她在项目紧张的时候拒绝加班、拒绝"内卷"，却可以在第二天开会前拿出工作成果；她可以在作为队长选择成员的时候，不简单地以项目成败作为权衡标准，而从人和人的真实关系出发去考量。

说到底，她散发出来的那种人生的自洽和松弛，让我感觉她很有人格魅力，这是一种由内而外散发出来的状态，不计较，不伪装，甚至有点无所谓，然后就已经把事情做得很好。

这样的人没有纠结，没有内耗，是对自我认可度很高的人，不仅对自己的实力很自信，对自己的生活原则也很自信。此外，她也是一个很爱自己的人，可以在任何一个环境里和谐地与他人相处，接纳自己，不需要委曲求全，也不需要虚张声势。

说白了，我很喜欢也很钦佩那种拥有自洽力的人。他们往往会给外界呈现出一种温和而坚定的状态，能够自我调整，自我安置，自我接纳。任何一种变化在他们的面前都可以云淡风轻，大而化之。更重要的是，他们不"躺平"，可以从内心汲取力量去面对人生的无常，可以悄无声息地把事情做了，而且还做得很好。

我希望自己是一个拥有自洽力的人，可以很清楚地知道自己是谁、想要什么，可以对自己有足够的认可和自信，可以有足够强的思维认知能力去了解这个世界的运行逻辑并多视角、多维度地看待生活，可以自我驱动地做好那些对我而言很重要的事情，提高成事的概率，做好人生的每一次选择。最重要的是，我也希望自己可以很自洽地面对我的人生，不纠结，不内耗，只是按照我的人生节奏生活。

我很高兴有机会把过往对内心自洽的感悟和实践整理出来，集结成一个可以指导我认知和行动的生活指南，所以本书就是我在探索一个人如何自洽地活的过程中的所思所想所悟。

如果通过阅读本书，你发现自己的内心有了一些变化，在面对突如其来的变化时不再恐惧，能够在浮躁的世界里保持内心的平静，可以专注地把一件事情做到极致，那么我的思考和文字就变得更加有意义和有价值了。

人生是一场修行，生活里的任何一个节点都是你修炼的契机。我希望你可以和我一起在这个变化的世界里修炼内在的自洽力，然后在这个修行的过程中见自己，见众生，见天地，这就是自洽地活。

在看完本书之后，无论你有任何想法、感受或者故事，都可以在"自言稚语"公众号留言与我分享。我很乐意与你进行更多的交流，共同探讨如何在这个无常的世界里自在前行。